"十三五"高等职业教育规划教材

办公自动化项目教程

(Windows 7+Office 2010)

BANGONG ZIDONGHUA XIANGMU JIAOCHENG (Windows 7+Office 2010)

邓长春 刘晓洪 蒋丽华 主编

中国铁道出版社

CHINA RAILWAY PUBLISHING HOUSE

内 容 简 介

本书主要讲述当前主流系统（Windows 7）及应用软件（Office 2010），内容丰富、理念先进、注重实用，反映了计算机软件和硬件发展的成果与技术。本书采用项目化教学模式，用项目引领教学内容，强调理论与实践相结合，突出了对学生基本技能、实际操作能力及职业能力的培养。全书由八个项目构成，分别为办公自动化、Windows 7 操作系统、文字处理、电子表格处理、演示文稿制作、网络办公应用、办公自动化设备使用和维护以及办公自动化常用工具软件。

本书适合作为高职高专公共基础课"办公自动化教程"的教材，也可作为各类办公自动化培训教材，或作为计算机初学者的自学用书。

图书在版编目（C I P）数据

办公自动化项目教程:Windows 7+Office 2010/邓长春，刘晓洪，蒋丽华主编. —北京:中国铁道出版社，2018.8

"十三五"高等职业教育规划教材

ISBN 978-7-113-24583-2

Ⅰ.①办…　Ⅱ.①邓…　②刘…　③蒋…　Ⅲ.①办公自动化-应用软件-高等职业教育-教材　Ⅳ.①TP317.1

中国版本图书馆 CIP 数据核字(2018)第 159613 号

书　　　名：办公自动化项目教程（Windows 7+Office 2010）
作　　　者：邓长春　刘晓洪　蒋丽华　主编

策　　　划：汪　敏　　　　　　　　　　读者热线：（010）63550836
责任编辑：秦绪好　李学敏
封面设计：付　巍
封面制作：刘　颖
责任校对：张玉华
责任印制：郭向伟

出版发行：中国铁道出版社（100054，北京市西城区右安门西街 8 号）
网　　址：http://www.tdpress.com/51eds/
印　　刷：三河市宏盛印务有限公司
版　　次：2018 年 8 月第 1 版　2018 年 8 月第 1 次印刷
开　　本：787 mm×1 092 mm　1/16　印张：12　　　字数：289 千
印　　数：1～2 000 册
书　　号：ISBN 978-7-113-24583-2
定　　价：39.80 元

本书根据"十三五"国家级应用创新型人才培养规划教材指导精神，结合教育部高等学校大学计算机课程教学指导委员会编写的《大学计算机基础课程教学基本要求》以及企事业单位中办公应用能力要求编写而成。本书采用项目驱动的编排方式，以使学生在完成任务的过程中掌握知识和技能。

全书内容分八个项目，各项目的主要内容安排如下：

项目一　办公自动化

项目二　Windows 7 操作系统

项目三　文字处理

项目四　电子表格处理

项目五　演示文稿制作

项目六　网络办公应用

项目七　办公自动化设备使用和维护

项目八　办公自动化常用工具软件

本书适合作为高等院校相关专业办公自动化教材，也可以作为行政企事业单位办公自动化、企业信息化培训班的教材，同时也是掌握现代化办公技术、提高办公效率的参考书。

本书为校企合作应用创新型人才培养教材，与国家资源库中子课程"计算机应用基础"（http://wdz.cswu.cn/?q=node/71938）配套，该网站提供大量的微课视频教程。本书由重庆城市管理职业学院具有丰富教学经验的教师主持编写，书中不少内容就是对实践经验的总结。本书由邓长春、刘晓洪、蒋丽华担任主编，各项目编写分工如下：项目一～项目三由邓长春主持编写，项目四～项目六由刘晓洪主持编写，项目七～项目八由蒋丽华主持编写。翁代云、乐明于、彭茂玲、郎永祥、李静、李顺琴、董引娣、姜继勤、何娇、王海滨、蔡立参与编写。企业人员车世强、刘治洪等参与编写，并给予指导。

本书在编写的过程中，得到了重庆城市管理职业学院、重庆红透科技有限公司、重庆邮政公司等单位领导的大力支持，在此向他们表示衷心的感谢。

编　者

2018 年 5 月

CONTENTS 目 录

目 录 CONTENTS

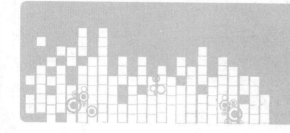

项目 一

办公自动化

学习目标

- 了解办公自动化的基本概念
- 认识办公自动化的系统结构
- 了解传统与现代办公模式
- 了解办公自动化的发展趋势

项目描述

办公自动化是将现代化办公和计算机技术结合起来的一种新型办公方式。通过办公自动化，可以优化现有的管理组织结构、调整管理体制、增加协同办公能力、降低办公成本、提高办公效率。

本项目要完成的任务：

任务一　认识办公自动化

任务二　了解办公自动化的发展

任务一　认识办公自动化

任务描述

办公室自动化在世界范围内都得到了快速的发展，总的来说，办公自动化是涉及一般办公室工作的计算机应用。该任务的主要目的是帮助读者从整体上对办公自动化有一个基本的认识，了解办公自动化的概念及特点。

本任务需掌握的内容有：

① 办公自动化的基本概念。

② 办公自动化的作用。

③ 办公自动化的基本特点。

④ 办公自动化的基本功能。

⑤ 办公自动化的层次。

任务实施

1. 办公自动化的基本概念

办公自动化（Office Automation，OA）是将现代化办公和计算机技术、网络技术相结合的一种新型办公方式。办公室自动化系统一般指实现办公室内部事务性业务的自动化，而办公自动化则包括更广泛的意义。目前，对办公自动化没有统一的定义，一般认为，办公自动化是指办公人员在传统的办公中，以计算机为中心，采用各种现代化办公设备、先进的通信技术以及办公软件，广泛、全面、迅速地收集、整理、加工、存储和使用信息，实现科学管理和信息传输，提高办公效率以及增强协同办公能力的一项综合技术。

办公自动化是一门综合性技术，包括硬件和软件两部分。硬件部分需要人们掌握日常办公设备，如打印机、扫描仪、复印机、照相机、摄像机等，软件部分需要掌握相关的办公软件，如文字处理、表格处理、演示文稿、电子邮件、远程会议、光盘刻录、图表处理等。除此之外，还需掌握一定的网络知识，如路由器的配置与连接、共享打印机的配置、计算机网络连接配置等。

2. 办公自动化的作用

办公自动化的核心任务是为各层级的办公人员提供所需的信息服务。办公自动化的作用主要体现在以下几方面。

（1）实现高效率、高质量的办公活动

工作人员在办公过程中，能够使用先进的设备和技术，能准确地生成所需的信息，能及时地进行信息传送，能快速地进行备份、打印与存档。

（2）实现大容量、高速度的信息处理能力

以计算机、互联网为代表的办公工具，实现了大容量数据的快速处理，能快速地为办公人员提供繁杂多变的办公服务。

（3）实现办公智能化

随着信息技术的快速发展，智能化的信息设备完全可以代替人完成大量繁杂、重复的工作，以提高办公速度和办事效率，提高办公过程的智能化水平。

3. 办公自动化的基本特点

（1）办公过程信息化

办公自动化最基本的特点就是应用计算机、网络、办公软件进行信息处理，可以说是信息技术的综合应用，主要包括信息的采集、加工、传输、存储与删除等环节。其主要任务是为办公人员创建与提供各种信息资源，加快信息交流与传播，实现办公信息处理一体化。

（2）办公过程协同化

在信息化时代，团队合作、协同办公是主要的办公模式。传统手工办公模式不能适应现代办公需要。办公自动化是利用网络、计算机、信息化等技术给办公人员提供资源共享、实时通信，提供方便、快捷、低成本、高效率的一种办公模式。办公自动化实现了办公资料数字化，为协同办公提供基本保障。

（3）办公过程无纸化

无纸化是信息化进程的一个理想目标。在无纸化办公环境中，计算机、应用软件、通信网络是三个最基本的要素，而这三个要素均包含在办公自动化中。在办公过程中，办公资料的生成、传播、存档均可数字化，无纸化办公也是办公自动化的主要特点。

4．办公自动化的基本功能

（1）文字处理能力

办公业务中工作量最大的是文字处理，包括文字的录入、编辑、排版、存储以及打印等。

（2）数据处理能力

数据处理是对数据的采集、存储、检索、加工、变换和传输等。它能够方便地制作出各种电子表格，应用公式和函数对数据进行复杂的运算，应用图表对数据进行分析展示。

（3）文稿演示能力

文稿演示能力是指能够制作出集文字、图像、声音、动画等多媒体元素于一体的演示文稿，把自己所要表达的信息组织在一组图文并茂的画面中，用于交流、介绍或展示。

（4）资料处理能力

资料处理包括对各种文档资料进行分类、登记、索引、转存、查询和检索等。

（5）图形、图像处理能力

图形、图像的处理包括对图形和图像的输入、编辑、存储、检索、识别和输出等。

（6）通信处理能力

通信可以沟通系统内部各部门之间的联系，实现信息交流，使办公人员更有效地共享办公自动化系统的资源，同时便于和外界的信息联系。

（7）语音处理能力

语音处理包括语音的输入、存储和输出，语音识别和合成以及语音和文字之间的转换等。

5．办公自动化的层级

（1）事务处理

办公业务活动中，我们要做大量烦琐的事务性工作，如编制文档、发布信息、汇总表格、打印文件、组织会议等，而办公自动化能解决上述烦琐的事务，以达到提高工作效率、降低办公成本的目的。

（2）信息管理控制

信息的管理包括信息的收集、加工、存储、传输与应用等，对信息流的控制管理是办公室最本质的工作，办公自动化信息管理的最佳手段是发挥现代办公技术与设备的优势，把各项独立的事务处理通过信息交换和资源共享联系起来以获得准确、快捷、及时、优质的功效。

（3）决策支持

决策是根据预定目标行动决定的，是高层次的管理工作，是办公活动的重要组成部分。决策过程是一个提出问题、搜集资料、拟定方案、分析评价、最后选定等一系列活动环节。应用办公自动化信息系统，能自动地分析、采集信息，提供各种优化方案，辅助决策者做出正确、迅速的决定。

任务二　了解办公自动化的发展

🖥️ 任务描述

本任务的主要目的是帮助读者了解办公自动化的发展趋势，加强读者对现代办公模式的认识。

本任务需掌握的内容有：

① 传统办公模式。

② 现代办公模式。

③ 办公自动化的发展。

📠 任务实施

1．传统办公模式

传统办公模式中，信息采集、信息加工主要靠手动书写完成；信息传输着眼于使用单台设备如电话、传真等；信息保存主要为纸质归档。

传统办公模式可分为信息流模式、过程模式、数据库模式、决策模式和行为模式等，各模式间相对独立。信息流模式主要是对单位中办公活动的信息流程的模式化描述；过程模式主要是对单位中办公活动的工作程序的模式化描述；数据库模式主要是对单位中办公活动用数据来表示与描述；决策模式主要涉及办公活动中的决策过程，如决策信息的收集、分析和应用；行为模式主要是办公活动当成一种社交活动，主要包括信息处理的过程。

传统办公模式是较单一的办公方式，具有很大的局限性，不能适应现代信息化社会办公的需要。

2．现代办公模式

现代办公模式是基于数字化办公，信息采集、信息加工一般应用计算机完成；信息传输通过互联网；信息保存采用电子文档。数字化办公突破了传统办公模式在信息采集、信息加工、信息传输和信息保存各环节的局限性。

现代办公活动是一种交叉的、综合的办公模式，凸显了计算机化、通信化、信息化、自动化，形成一个强大、高效率的办公模式。

3．办公自动化的发展

20 世纪 70 年代，美国率先提出了现代办公自动化的设想，随后在西方一些国家流行。我国从 20 世纪 80 年代开始，尤其是进入 90 年代，办公自动化得到快速发展。

从世界范围看，办公自动化的发展过程在技术设备的使用上大都经历了以下几个阶段。

（1）单机设备阶段（1950—1974 年）

该阶段以打字机、复印机为基础，将办公方式由手工转向机械化。采用文字处理机、复印机、传真机、专用交换机等办公自动化设备实现了单项办公业务的自动化。

（2）局部网络阶段（1975—1982 年）

该阶段以计算机局域网为基础，将分散在各办公室的计算机连接起来，组成一个局部网络。

采用电子文档、电子邮件、电子报表等新技术和高功能的办公自动化设备。

（3）一体化阶段（1983—1990年）

该阶段以综合业务数字网为基础，出现办公自动化软件、工作站以及各种办公自动化联机设备。采用电子白板、智能复印机、智能传真机、复合电子文件系统等。

（4）多媒体信息传输阶段（1991—1998）

该阶段以多媒体信息技术为基础，办公人员通过网络来传输文件、电子邮件、图片、动画、语音、视频等数据。

（5）全面办公自动化阶段（1999年至今）

该阶段以网络和数据库为基础，全面实现协同办公，如工作协同、知识协同、信息协同、数据协同等，通过办公自动化软硬件的普及应用，办公自动化能实现团队协作处理办公事务。

办公自动化系统从当初的文字录入、文字处理、编辑排版、电子表格、演示文稿、查询检索等应用单机软件逐渐发展成为现代化网络办公系统，通过互联网，把单个办公业务连接起来。使信息的传递更加快捷和方便，从而极大地扩展了办公手段，提高了办公效率。

办公自动化系统采用一系列现代化的办公设备和先进的通信技术，广泛、全面、迅速地收集、整理、加工、存储和使用信息，使单位内部人员能方便快捷地共享信息，高效地协同工作，改变了过去复杂、低效的手工办公方式，实现了科学管理、决策服务和协同办公。

思考与练习

简答题

1. 办公自动化主要包括哪些内容？
2. 办公自动化的主要作用是什么？
3. 办公自动化的发展经历了哪几个阶段？

项目 二

Windows 7 操作系统

学习目标

- 熟悉 Windows 7 操作环境
- 掌握基本的办公环境设置
- 掌握文件与文件夹的管理
- 熟悉输入法的安装与应用

项目描述

Windows 7 是由微软公司（Microsoft）开发的，是目前广泛应用于计算机的操作系统。通过本项目的学习，需要掌握 Windows 7 系统环境的基本设置，文件与文件夹等资源的管理，常用输入法的安装与切换等操作。

本项目要完成的任务：

任务一　启动与关闭计算机

任务二　设置 Windows 7 办公环境

任务三　管理文件与文件夹

任务四　创建多用户操作系统

任务五　安装与使用输入法

任务一　启动与关闭计算机

任务描述

掌握正确的计算机启动与关闭方法，培养良好的计算机使用习惯。本任务需要完成如下操作：

① 计算机的启动。

② 计算机的关闭。

知识储备

1．启动计算机

（1）启动顺序

先启动外围设备，后启动主机，这样做的目的是防止外围设备启动引起电源波动而影响主机运行。

（2）启动方式

计算机的启动方式主要有：冷启动、热启动、复位启动。

① 冷启动，指计算机在没有加电的状态下初始加电，即通过加电方式来启动计算机（按 Power 键）。一般关闭的计算机通过冷启动方式启动。

② 热启动，指计算机已经开机，并已进入 Windows 操作系统，由于增加新的硬件设备和软件程序或修改系统参数后，系统需要重新启动。当发生软件故障使计算机不接收任何指令时，也需要热启动计算机，这种启动方式是在不断电状态下进行的计算机启动。

热启动计算机的操作步骤：单击桌面上的"开始"按钮，选择"重新启动"命令。

提示：当系统出现故障无响应时，可按【Ctrl+Alt+Del】组合键，选择"重新启动"选项来重启计算机。

③ 复位启动，指在计算机停止响应后（死机），甚至连键盘指令都不能响应时可以用系统复位方式来重新启动计算机，一般在主机面板上都有一个"Reset"复位按钮开关，轻轻按一下即可，计算机会重新加载硬盘等所有硬件以及系统的各种软件。

提示：如果系统复位还不能重新启动计算机，就只能长按主机箱上的 Power 键，用冷启动的方式启动。

2．关闭计算机

（1）关机顺序

先关闭主机，后关闭外围设备。目的是防止外围设备电源断开一瞬间产生的电压感应冲击对主机造成意外伤害。

（2）正常关机

① 保存文档，并退出所有运行的程序；

② 单击"开始"按钮，单击"关机"按钮。

任务实施

1．启动计算机

① 检测计算机及外围设备电源连接情况；

② 启动显示器及相关的外围设备；

③ 按 Power 键启动计算机。

2．关闭计算机

① 保存文档，并退出所有运行的程序；

办公自动化项目教程（Windows 7+Office 2010）

② 单击屏幕左下角的"开始"按钮，单击"关机"按钮，如图 2-1 所示，系统进入关机状态。

③ 关闭电源总开关或拔出计算机及相关设备电源线。

图 2-1　计算机"开始"菜单

提示 1：不同版本的 Windows 操作系统，"开始"菜单中的"关机"显示的菜单有所差异，请同学们注意观察。

提示 2：重新启动、切换用户、注销或锁定计算机，可单击"开始"菜单中的"关机"按钮右侧的三角按钮，弹出图 2-2 所示的菜单，选择对应操作。

图 2-2　关机

任务二　设置 Windows 7 办公环境

任务描述

通过对前一任务的学习，了解了计算机开机与关机顺序，规范了开机与关机操作。该任务需要掌握基本的 Windows 7 办公环境设置，优化计算机，通过本任务的学习，达到熟练操作 Windows 7 系统的目的。本任务需要完成如下操作：

① 设置桌面背景。

② 设置屏幕保护。

③ 设置系统外观。

④ 设置系统日期与时间。

⑤ 设置显示器分辨率与刷新频率。

⑥ 添加或删除程序。

任务实施

1. 设置桌面背景

右击桌面空白处，在弹出的快捷菜单（见图 2-3）中选择"个性化"命令，打开图 2-4 所示的"个性化"窗口，单击"桌面背景"图标，打开图 2-5 所示的"桌面背景"窗口，选择需要作为背景的图片，单击"保存修改"按钮即可。返回到桌面可以看到新设置的桌面背景图片。

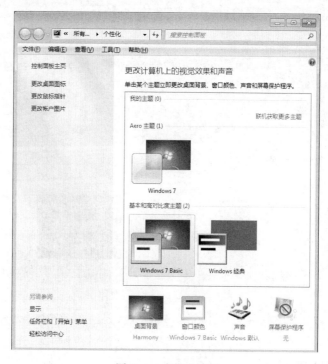

图 2-3　右击桌面快捷菜单　　　　　　　图 2-4　个性化窗口

提示 1：可以选择系统提供的默认图片作为桌面背景，也可以在"图片位置"后面单击"浏览"按钮选择自己的图片素材作为桌面背景。

提示 2：可以选择单张图片作为桌面背景，也可以选择多张图片作为桌面背景。当选择多张图片时，"更改图片时间间隔"按钮可用，可设置多张图片轮流切换的时间间隔以及播放方式。

图 2-5 "桌面背景"窗口

2. 设置屏幕保护

右击桌面空白处，在弹出的快捷菜单（见图 2-3）中选择"个性化"命令，打开图 2-4 所示的"个性化"窗口，单击"屏幕保护程序"图标，弹出图 2-6 所示的"屏幕保护程序设置"对话框，设置"等待"时间，选择"在恢复时显示登录屏幕"复选框，单击"确定"按钮完成设置。

图 2-6 "屏幕保护程序设置"对话框

提示 1：可以使用系统提供的默认屏幕保护程序，也可以从网上下载并安装第三方屏幕保护程序。

提示 2：选择"在恢复时显示登录屏幕"复选框，如超过等待时间不使用计算机时，则再次使用计算机时会回到系统登录界面，需要输入正确的登录账号、密码才能进入系统，起到对计算机的保护作用。

3. 设置系统外观

在桌面上右击"计算机"图标，在弹出的快捷菜单中选择"属性"命令，弹出"系统"窗口，单击"高级系统设置"选项，弹出"系统属性"对话框，如图 2-7 所示，选择"高级"选择卡，在"性能"选项组中单击"设置"按钮，弹出"性能选择"对话框，如图 2-8 所示，选择"视觉效果"选项卡，系统默认选择"调整为最佳性能"单选按钮，可见下方选项均未选中，选择"调整为最佳外观"单选按钮，此时下方选项全部被选中，单击"确定"按钮完成操作。

提示：在兼顾性能和外观的同时，可以选择"自定义"单选按钮，由用户根据自己的喜好选择外观设置选项，以满足个性化设置的需要。

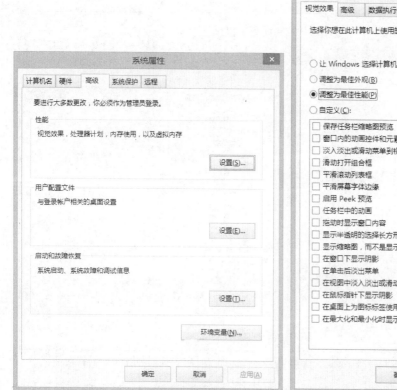

图 2-7 "系统属性"对话框

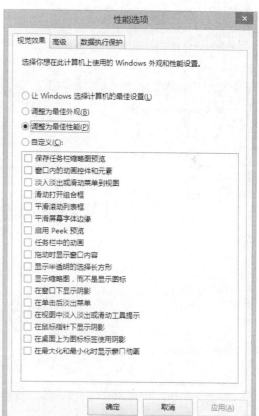

图 2-8 "性能选项"对话框

4. 设置系统日期与时间

打开"控制面板"窗口，如图 2-9 所示，双击"日期和时间"图标，弹出"日期和时间"对话框，如图 2-10 所示，单击"更改日期和时间"按钮，弹出"日期和时间设置"对话框，如图 2-11 所示，在此处可设置日期和时间，设置完成后单击"确定"按钮。

图 2-9 "控制面板"窗口

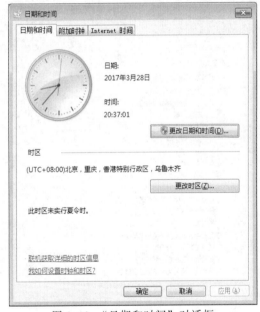

图 2-10 "日期和时间"对话框

图 2-11 "日期和时间"设置对话框

提示：在"日期和时间设置"对话框中，单击"更改日历设置"选项，弹出图 2-12 所示的"自定义格式"对话框，可自定义日期和时间的格式。

5. 设置显示器分辨率与刷新频率

（1）设置显示器分辨率

右击桌面空白处，在弹出的快捷菜单中选择"屏幕分辨率"命令，打开图 2-13 所示的"屏幕分辨率"窗口，在"分辨率"下拉列表框中选择合适的分辨率。

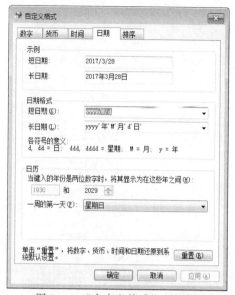

图 2-12　"自定义格式"对话框

图 2-13　"屏幕分辨率"窗口

提示：由于显示器尺寸各异，导致不同的显示器需要设置不同的分辨率才能达到最佳效果，大家可以根据自己所使用的显示器品牌和尺寸，参照说明书进行设置，或上网搜索答案。

（2）设置显示器刷新频率

在图 2-13 中，单击"高级设置"选项，弹出监视器属性对话框，如图 2-14 所示，选择"监视器"选项卡，在"屏幕刷新频率"下拉列表框中选择合适的刷新频率。

图 2-14　监视器属性对话框

提示：液晶显示器屏幕刷新频率一般设置为 60～75Hz。一般按照产品说明书进行设置。

6．添加或删除程序

（1）更新软件

打开"控制面板"窗口，双击"程序和功能"图标，打开图 2-15 所示的窗口，选中安装的软件，在窗口最下方有该软件相关更新信息的链接，单击可进入该软件官方网站，可下载最新软件进行升级更新。

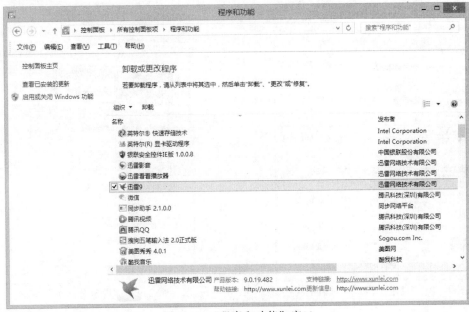

图 2-15　"程序和功能"窗口

（2）卸载程序

在"程序和功能"窗口，右击要卸载的程序，弹出的快捷菜单中显示"卸载"命令，如图 2-16 所示，选择"卸载"命令即可卸载该程序。

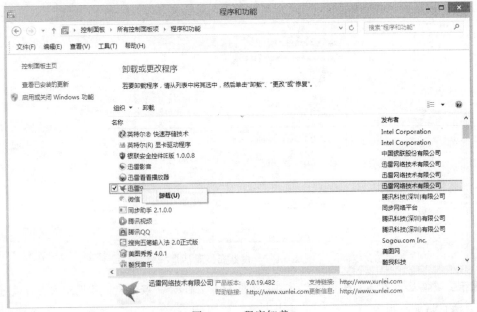

图 2-16　程序卸载

提示：程序的升级更新或卸载可使用第三方软件进行维护，如 360 安全卫士中的"软件管家"，可方便地进行程序的升级与卸载。

任务三 管理文件与文件夹

任务描述

本任务要求掌握对文件及文件夹的相关操作，通过创建合理的文件夹结构，提高文档管理效率。本任务需要完成的操作如下：

① 在 D 盘中新建两个文件夹，分别命名为 Test1 和 Test2，再新建两个文本文档，分别命名为"文档 1"和"文档 2"。

② 把"文档 1"复制到 Test1 文件夹中，把"文档 2"复制到 Test2 文件夹中。

③ 把 Test2 文件夹移动到 Test1 文件夹中。

④ 重命名文件夹 Test1 为 Test。

⑤ 隐藏 Test 文件夹及其子文件夹与文档。

⑥ 显示隐藏的 Test 文件夹及其子文件夹与文档。

⑦ 查找 D 盘中上周修改过的且大小在 10～50 KB 的所有文件。

知识储备

1. 文件

① 文件是一组相关信息的集合，由文件的扩展名来标识。

② 常见文件的扩展名如表 1-1 所示。

表 1-1　常见文件扩展名

.docx	Word 文件	.txt	文本文档
.pptx	幻灯片文件	.com	可执行二进制文件
.xlsx	Excel 文件	.sys	系统文件
.bmp	图画文件（位图）	.html	网页文件
.exe	可执行程序文件	.hlp	帮助文件
.dbf	数据库文件	.eml	邮件文件

③ 文件名的一般形式：主文件名[.扩展名]。

提示：主文件名与扩展名之间有一圆点分隔。对文件命名时，应遵循"见名识义"，以便于记忆。

④ 文件命名规则。Windows 系统支持 256 个字符的文件命名，但磁盘分区要占用一个字符，所以用户最多只能用 255 个字符来命名（注意：中文一个字占 2 个字符）。文件名可以由下画线、数字、字母等组成。注意，文件名中不能出现如下符号：

\/：*?"< >|

2. 文件夹

文件夹主要用来协助人们管理计算机文件，使其整齐规范。每个文件夹对应一块磁盘空间，它提供了指向对应空间的地址，它没有扩展名，不像文件的格式用扩展名来标识。

文件夹的命名规则与文件的命名规则一样。

3．通配符

通配符是一种特殊符号，主要有星号（*）和问号（?），通配符在搜索文件或文件夹时非常有用，用来模糊搜索文件或文件夹。当查找文件夹时，可以使用它来代替一个或多个字符。其中：

"？"：表示任意一个字符；

"*"：表示任意若干字符。

4．文件（夹）操作

（1）选择连续的文件（夹）

选中第一个文件（夹），按住【Shift】键，单击最后一个文件（夹）即可。

（2）选择不连续的文件（夹）

选中第一个文件（夹），按住【Ctrl】键，分别单击需要选择的文件（夹）即可。

（3）选择全部文件（夹）

按【Ctrl+A】组合键可完成全选操作。

（4）复制、移动、剪切、粘贴文件（夹）

选中文件（夹），在"编辑"菜单中选择复制、移动、剪切、粘贴等命令完成文件（夹）相关操作。

提示：使用快捷键。复制：【Ctrl+C】；剪切：【Ctrl+X】；粘贴：【Ctrl+V】。

任务实施

1．在 D 盘中新建两个文件夹，分别命名为 Test1 和 Test2，再新建两个文本文档，分别命名为"文档 1"和"文档 2"

（1）创建文件夹

打开计算机 D 盘，在 D 盘空白处右击，在弹出的快捷菜单中选择"新建"→"新建文件夹"命令，输入文件名 Test1。

用同样的方法创建 Test2 文件夹。

（2）创建文本文档

在 D 盘中空白处右击，在弹出的快捷菜单中选择"新建"→"文本文档"命令，输入主文件名"文档 1"。

用同样的方法创建"文档 2"。

提示：输入文件名时，只需修改主文件名，点号与扩展名保持不变。

2．把"文档 1"复制到 Test1 文件夹中，把"文档 2"复制到 Test2 文件夹中

选中"文档 1"并右击，在弹出的快捷菜单中选择"复制"命令，双击打开 Test1 文件夹，在空白处右击，在弹出的快捷菜单中选择"粘贴"命令即可。

选中"文档 2"并右击，在弹出的快捷菜单中选择"复制"命令，双击打开 Test2 文件夹，在空白处右击，在弹出的快捷菜单中选择"粘贴"命令即可。

提示：可使用【Ctrl+C】、【Ctrl+V】组合键快速进行复制、粘贴操作。

3. 把 Test2 文件夹移动到 Test1 文件夹中

选中 Test2 文件夹并右击，在弹出的快捷菜单中选择"剪切"命令，双击打开 Test1 文件夹，在空白处右击，在弹出的快捷菜单中选择"粘贴"命令即可。

4. 重命名文件夹 Test1 为 Test

选中文件夹 Test1 并右击，在弹出的快捷菜单中选择"重命名"命令，输入 Test，按【Eeter】键或在空白处单击完成重命名。

5. 隐藏 Test 文件夹及其子文件夹与文档

选中文件夹 Test 并右击，在弹出的快捷菜单中选择"属性"命令，在弹出对话框的"常规"选项卡中选择"隐藏"复选框，单击"确定"按钮，在弹出的"确认属性更改"对话框中（见图 2-17）选择"将更改应用于此文件夹、子文件夹和文件"单选按钮，单击"确定"按钮即可。

6. 显示隐藏的 Test 文件夹及其子文件夹与文档

打开 D 盘，选择"工具"→"文件夹选项"命令，弹出"文件夹选项"对话框，如图 2-18 所示，选择"查看"选项卡，在"高级设置"选项组中找到"隐藏文件和文件夹"选项，选中"显示隐藏的文件、文件夹和驱动器"单选按钮，单击"确定"按钮完成操作。此时在 D 盘中显示 Test 文件夹。

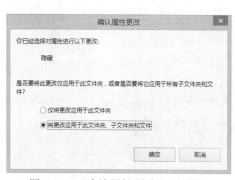

图 2-17 "确认属性更改"对话框

图 2-18 "文件夹选项"对话框

提示 1：当要隐藏文件和文件夹时，在"文件夹选项"对话框中的"高级设置"选项组中找到"隐藏文件和文件夹"选项，选择"不显示隐藏的文件、文件夹和驱动器"单选按钮，单击"确定"按钮即可。

提示 2：显示隐藏的文件（夹）时，该文件（夹）图标为浅色，以区分正常的文件（夹）。

7. 查找 D 盘中上周修改过的且大小在 10 ~ 50 KB 的所有文件。

打开 D 盘，地址栏后面就是文件搜索器，如图 2-19 所示，把鼠标定位在"搜索"文本框中，在文本框中输入*.*，单击"修改日期"按钮，选择"上星期"选项，单击"大小"按钮，选择"小（10-100KB）"选项，如图 2-20 所示，按【Enter】键即可。

图 2-19　文件搜索

图 2-20　设置文件搜索条件

任务四　创建多用户操作系统

任务描述

Windows 7 操作系统属于多用户操作系统，即同一台计算机允许建立多个用户账户，也允许多个用户同时登录这台计算机，本任务要求对计算机用户和资源进行管理。本任务需要完成的操作如下：

① 创建或修改管理员（Administrator）账户密码。

② 创建普通账户 test_a，并设置登录密码。

知识储备

1. 单用户与多用户操作系统

根据在同一时间使用计算机用户的多少，操作系统可分为单用户操作系统和多用户操作系统。

单用户操作系统是指一台计算机在同一时间只能由一个用户使用，一个用户独自享用系统的全部硬件和软件资源。早期的 DOS 操作系统、Windows 9X（95、98、ME）则是单用户操作系统。

多用户操作系统是指一台计算机在同一时间允许多个用户同时使用计算机。现在常用的 Windows 操作系统都是多用户操作系统。当然 Windows 7 操作系统也是多用户操作系统。

2.Windows 7 用户组和权限

① Administrators（管理员组）：属于该 Administrators 本地组内的用户，都具备系统管理员的权限，它们拥有对这台计算机最大的控制权限，可以执行整台计算机的管理任务。内置的系统管理员账户 Administrator 就是本地组的成员，而且不能将其从该组删除。

② Backup OPerators（备份操作组）：在该组内的成员，不论其是否有权访问这台计算机中的文件夹或文件，都可以选择"开始"→"所有程序"→"附件"→"系统工具"→"备份"命令备份与还原这些文件夹与文件。

③ Guests（来宾用户组）：该组是提供给没有用户账户、但是需要访问本地计算机内资源的用户使用，该组的成员无法永久地改变其桌面的工作环境。该组最常见的默认成员为 Guest。

④ Users（普通用户组）：该组内的成员只拥有一些基本的权利，例如运行应用程序，但是他们不能修改操作系统的设置、不能更改其他用户的数据、不能关闭服务器级的计算机。

⑤ System（系统组）：这个成员是系统产生的，真正拥有整台计算机管理权限的账户，一般的操作是无法获取与它等价的权限的，该组拥有系统中最高的权限，系统和系统级服务的运行都依靠 System 赋予的权限（任务管理器很多进程由 System 开启）。但是 System 组只有一个用户就是 System，它不允许任何用户加入，在查看用户组的时候也不会显示出来。

⑥ Everyone：任何一个用户都属于这个组。注意，如果 Guest 账户被启用，则给 Everyone 组指派权限时必须谨慎，因为当一个没有账户的用户连接计算机时，他被允许自动利用 Guest 账户连接，但是因为 Guest 也属于 Everyone 组，所以他将具备 Everyone 所拥有的权限。

任务实施

1.创建或修改管理员（Administrator）账户密码

打开控制面板，单击"用户账户"图标，打开"用户账户"窗口，如图 2-21 所示，单击"为您的账户创建密码"超链接，打开账户密码设置窗口，如图 2-22 所示，在"新密码"和"确认新密码"文本框中输入设定的密码（注意，密码要一致）。在"键入密码提示"文本框中输入密码的提示信息，以便忘记密码后找回密码用。单击"创建密码"按钮完成操作。

图 2-21 "用户账户"窗口

图 2-22　创建管理员账户密码

2．创建普通账户 test_a，并设置登录密码

打开控制面板，单击"用户账户"图标，打开"用户账户"窗口（见图 2-21），单击"管理其他账户"超链接，打开图 2-23 所示窗口，在此处可以看到目录系统中创建的所有账户。单击"创建一个新账户"超链接，打开图 2-24 所示窗口，在"新账户名"文本框中输入 test_a，选择"标准用户"单选按钮，单击"创建账户"按钮。

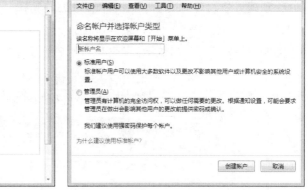

图 2-23　管理账户窗口　　　　　　　　　　图 2-24　创新新账户窗口

单击"后退"按钮，回到"管理账户"窗口，如图 2-25 所示，可以看到刚创建的"test_a"账户，双击"test_a"账户，打开"更改 test_a 的账户"窗口，如图 2-26 所示，可以对"test_a"账户名、密码、显示图标、用户类型等进行设置。

提示：当重启或注销系统后，在登录界面会显示所有的登录账户，用户选择所授权的账户进行登录。

图 2-25　管理账户窗口　　　　　　　　　　图 2-26　更改 test_a 的账户窗口

任务五　安装与使用输入法

任务描述

通过前面任务的学习，我们对 Windows 7 操作系统有了基本了解，下面学习输入法相关知识。本任务要求掌握常用输入法的添加、删除，不同输入法之间的快速切换等操作。本任务需要完成的操作如下：

① 选择"中文（简体，中国）-中文（简体）-美式键盘"为默认输入法。
② 删除输入法。
③ 添加输入法。
④ 不同输入法之间的切换。

知识储备

1．输入法

输入法是指将各种符号输入计算机或其他设备而采用的编码方法。汉字输入的编码方法基本上是采用将音、形、义与特定的键相联系，再根据不同汉字进行组合来完成汉字输入的。中文输入法编码可分为：音码、形码、音形码、无理码等。常用中文输入法有：拼音输入法、五笔字型输入法。应用广泛的输入法软件有：QQ 输入法、搜狗输入法、百度输入法、谷歌拼音输入法等。

2．选择输入法

应用广泛的输入法软件默认情况下带有拼音输入法和五笔字型输入法等编码方法。不同的输入法各有各的优点，使用者可根据自身喜好选择适合自己的输入法以提高输入速度。

任务实施

在控制面板中，单击"区域和语言"按钮，弹出"区域和语言"对话框，如图 2-27 所示，选择"键盘和语言"选择卡，单击"更改键盘"按钮，弹出"文本服务和输入语言"对话框，如图 2-28 所示。

图 2-27 "区域和语言"对话框　　　　图 2-28 "文本服务和输入语言"对话框

1. 选择"中文（简体，中国）-中文（简体）-美式键盘"为默认输入法

在"文本服务和输入语言"对话框的"默认输入语言"下拉列表框中选择"中文（简体，中国）-中文（简体）-美式键盘"选项。

2. 删除输入法

当需要删除某一输入法时，在"文本服务和输入语言"对话框的"已安装的服务"列表框中选择需要删除的输入法，单击"删除"按钮即可。

提示：当没有选中某一输入法时，除"添加"按钮外，其他按钮均为灰色不可用，当选中某一输入法时，所有按钮均为黑色，均可使用。

3. 添加输入法

当需要添加某一输入法时，在"文本服务和输入语言"对话框中，单击"添加"按钮，弹出"添加输入语言"对话框，如图 2-29 所示，选择需要安装的输入法，单击"确定"按钮完成操作。此时在"文本服务和输入语言"对话框的"已安装的服务"列表框中会显示刚才安装的输入法。

提示 1：用户可以安装第三方输入法，安装成功后会自动添加到输入法列表中。

提示 2：右击任务栏上的输入法图标，在弹出的快捷菜单中选择"设置"命令，弹出"文本服务和输入语言"对话框。

4．不同输入法之间的切换

（1）使用鼠标选择输入法

单击任务栏中的"语言指示器"按钮，弹出输入法菜单，如图 2-30 所示，单击需要的输入法。

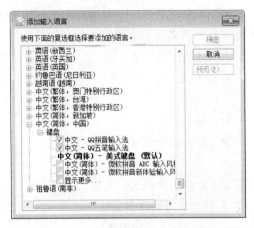

图 2-29　"添加输入语言"对话框　　　　　　　图 2-30　输入法菜单

（2）使用键盘切换输入法

按住【Ctrl】键不放，按【Shift】键，可在不同输入法之间进行切换。

（3）中英文间切换

按【Ctrl+空格键】组合键可在中英文输入法间快速切换。

思考与练习

一、填空题

1．在 Windows 7 中，文件的类型可以根据_____来识别。

2．Windows 7 中的菜单有窗口菜单和_____菜单两种。

3．Windows 7 系统是微软公司推出的一种_____。

4．Windows 7 有四个默认库，分别是视频、图片、_____和音乐。

5．在 Windows 操作系统中，按【Ctrl+空格键】组合键的操作是_____。

二、选择题

1．在 Windows 7 的各个版本中，支持的功能最少的是（　　　）。

  A．专业版　　　　B．家庭高级版　　　　C．家庭普通版　　　　D．旗舰版

2．在 Windows 7 操作系统中，将打开窗口拖动到屏幕顶端，窗口会（　　　）。

  A．最大化　　　　B．最小化　　　　　　C．关闭　　　　　　　D．消失

3．安装 Windows 7 操作系统时，系统磁盘分区必须为（　　　）格式才能安装。

  A．FAT　　　　　B．FAT16　　　　　　C．FAT32　　　　　　D．NTFS

4．要选定多个不连续的文件（夹），要先按住（　　　），再选定文件。

A. 【Alt】键　　B. 【Ctrl】键　　　　C. 【Shift】键　　　　D. 【Tab】键

5. 要选定多个连续的文件（夹），要先按住（　　　），再选定文件。

A. 【Alt】键　　B. 【Ctrl】键　　　　C. 【Shift】键　　　　D. 【Tab】键

6. Windows 7 是一种（　　　）。

A. 系统软件　　B. 应用软件　　　　C. 数据库软件　　　　D. 文字处理软件

7. 在 Windows 7 中，按（　　　）组合键可在各中英文输入法间快速切换。

A. 【Ctrl+Tab】　　　　　　　　　　B. 【Ctrl+空格】

C. 【Ctrl+空格】　　　　　　　　　　D. 【Ctrl+Alt】

8. 系统软件中最基本的是（　　　）。

A. 文件管理系统　　　　　　　　　　B. 操作系统

C. 文字处理系统　　　　　　　　　　D. 数据库管理系统

9. 操作系统的最基本特征是（　　　）。

A. 并发和共享　　B. 并发和虚拟　　　C. 共享和虚拟　　　D. 共享和异步

10. 中文版 Windows 7 默认状态下实现中英文间转换的快捷键是（　　　）。

A. 【Ctrl+Shift+空格】　　　　　　　B. 【Ctrl+Alt+空格】

C. 【Ctrl+空格】　　　　　　　　　　D. 【Alt+空格】

三、简答题

1. 上网收集显示器尺寸与分辨率的关系的相关资料。

2. 上网收集显示器与屏幕刷新频率的关系的相关资料。

3. 上网收集 Windows 7 操作系统各版本的主要功能与区别的相关资料。

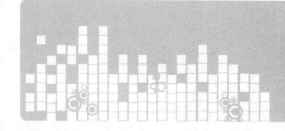

项目 三
文字处理

学习目标

- 掌握文字的基本编辑与排版
- 掌握样式的创建、编辑及应用
- 掌握表格的相关操作
- 掌握多级列表的设置
- 掌握目录的创建
- 掌握复杂的页眉/页脚设置
- 掌握题注及交叉引用设置
- 掌握邮件合并应用

项目描述

文字处理是办公自动化中的重要内容。目前常用的中文字处理软件主要有微软公司的 Word 和金山公司的 WPS。文字处理软件提供了操作方便的运行环境；提供了在可视环境中对文字、表格、图像等的编辑排版功能。通过本项目的学习掌握对文本的编辑、排版、打印等操作。本项目以 Word 2010 软件为工作环境进行讲解。

本项目要完成的任务：

任务一　Word 2010 应用基础

任务二　Word 2010 样式应用

任务三　Word 2010 表格高级应用

任务四　Word 2010 创建多级列表

任务五　Word 2010 创建目录

任务六　Word 2010 页眉/页脚高级应用

任务七　Word 2010 创建题注及交叉引用

任务八　Word 2010 邮件合并制作录取通知书

任务一　　Word 2010 应用基础

任务描述

本任务要求读者熟悉 Word 2010 的工作环境，熟悉 Word 2010 基本编辑与排版，包括字体、段落、样式、页面布局等相关操作。本任务需完成的操作如下：

打开"word-1.docx"文档，按下面要求完成各项操作。

① 页边距：上下页边距均为 2.5 厘米；内侧、外侧为 2 厘米；

② 纸张：大小为 16 开；

③ 版式：页眉距边界 1.5 厘米，页脚距边界 1.5 厘米；

④ 页眉和页脚：在页眉左侧录入文本"音乐"，在页脚右侧插入页码"第 X 页，共 Y 页"；

⑤ 使用批量替换，删除文档中多余的段落标记；

⑥ 将文档中所有的数字替换成红色字体；

⑦ 将标题设置为黑体三号，加粗，波浪形下画线，居中对齐，段前段后间隔 1 行；

⑧ 将正文所有段落首行缩进 2 字符，行距设置为固定磅值 28 磅；

⑨ 将第一段文本的字体设置为楷体，小四，红色，加粗，并加上双下画线；

⑩ 将第二段首字下沉 3 行，首字字体设置为隶书；

⑪ 将第三段文字的字符间距加宽 2 磅；

⑫ 给第四段文字添加 0.75 磅红色虚线边框，底纹填充为黄色；

⑬ 将最后一段分成三栏，中间加分隔线；

⑭ 艺术字：用"音乐"制作成艺术字，艺术字填充样式选用第二行第一列填充效果，艺术字"文本效果"为"转换"→"弯曲"→"倒 V 形"，版式设为"浮于文字上方"，置于第二自然段之后；

⑮ 在文档适当位置插入一张剪贴画，图片宽度和高度均缩放为 50%，环绕方式为"紧密型"；

⑯ 给页面添加文字水印，文字为"音乐"，字体为"华文行楷"，版式为"斜式""半透明"；

⑰ 给页面添加填充效果，使用纹理"鱼类化石"进行填充；

⑱ 给标题添加脚注，脚注内容为"音乐是反映人类现实生活情感的一种艺术"；

⑲ 保护文档，用密码进行加密，密码设置为"123"；

⑳ 保存 word-1.docx 文档。

注：最终效果参考文档"word-1 样张.docx"。

任务实施

双击打开"word-1.docx"文档。

1. 页边距：上下页边距均为 2.5 厘米；内侧、外侧为 2 厘米

单击"页面布局"选项卡"页面设置"组右下角的 ⌐ 按钮，弹出"页面设置"对话框，如

图 3-1 所示。选择"页边距"选项卡，在"页码范围"选项组的"多页"下拉列表框中选择"对称页边距"选项，在"页边距"选项组的上、下文本框中分别输入 2.5 厘米，内侧、外侧文本框中分别输入 2 厘米，单击"确定"按钮，完成设置。

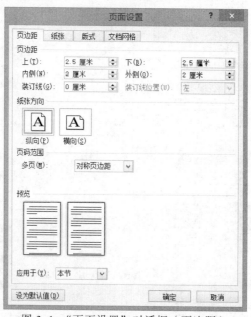

图 3-1　"页面设置"对话框（页边距）

2. 纸张：大小为 16 开

在"页面设置"对话框中选择"纸张"选项卡，在"纸张大小"选项组中选择"16 开"，如图 3-2 所示。单击"确定"按钮，完成设置。

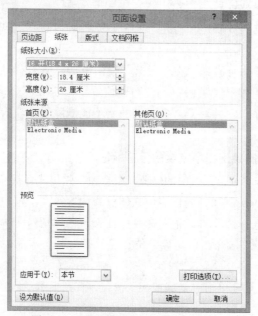

图 3-2　"页面设置"对话框（纸张）

3. 版式：页眉距边界 1.5 厘米，页脚距边界 1.5 厘米

在"页面设置"对话框中选择"版式"选项卡，将"页眉和页脚"选项组的"距边界"分别设置为 1.5 厘米，如图 3-3 所示。单击"确定"按钮，完成设置。

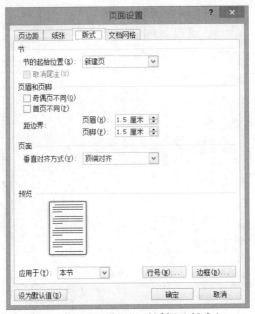

图 3-3 "页面设置"对话框（版式）

4. 页眉和页脚：在页眉左侧录入文本"音乐"，在页脚右侧插入页码"第 X 页，共 Y 页"

激活页眉与页脚：单击"插入"选项卡"页眉和页脚"组中的"页眉"→"编辑页眉"命令。

提示：当双击文档顶部空白处，也可激活页眉和页脚。

插入页眉：光标定位到页眉处，单击"开始"选项卡"段落"组中的"文本左对齐"按钮，输入文字"音乐"。

插入页码：光标定位到页脚处，在"段落"组中单击"文本右对齐"按钮，单击"插入"选项卡"页眉和页脚"组中的"页码"→"当前位置"→"X/Y"命令，在数字前后按要求分别输入对应的文字并删除"/"（注意：插入的数字不能删除手动输入），设置完成后在文档中双击关闭页眉与页脚。

5. 使用批量替换，删除文档中多余的段落标记

单击"开始"选项卡"编辑"组中的"替换"按钮，弹出"查找和替换"对话框，选择"替换"选项卡，如图 3-4（a）所示，光标定位在"查找内容"文本框中，单击"更多"按钮，单击"特殊格式"按钮，选择"段落标记"命令（注：段落标记符号为^p），在"查找内容"文本框中插入两个段落标记符号^p，把光标定位在"替换为"文本框中，插入一个段落标记符号^p，如图 3-4（b）所示，单击"全部替换"按钮，弹出替换情况消息对话框，如图 3-4（c）所示，单击"确定"按钮，重复单击"全部替换"按钮，直到提示"已完成 1 处替换"，关闭"查找和替换"对话框，完成设置。

提示：最后一个多余的分段符手动删除。

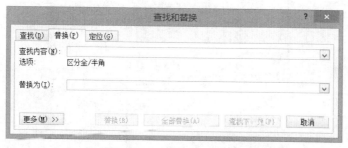

（a）　"查找和替换"对话框

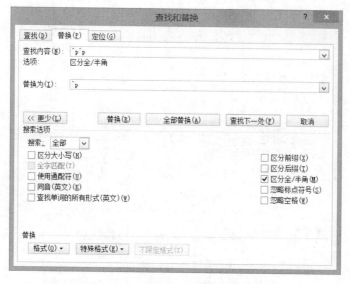

（b）　"查找和替换"对话框

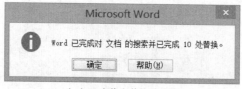

（c）　查找和替换消息框

图 3-4　查找和替换

6. 将文档中所有的数字替换成红色字体

单击"开始"选项卡"编辑"组中的"替换"按钮，弹出"查找和替换"对话框，选择"替换"选项卡［图 3-4（a）］，光标定位在"查找内容"文本框中，单击"更多"按钮，单击"特殊格式"按钮，选择"任意数字"命令（注：任意数字标记符号为^#），保持"查找内容"文本框为空，鼠标定位在"替换为"文本框中，单击"更多"按钮，单击"格式"按钮，选择"字体"命令，弹出"替换字体"对话框，如图 3-5 所示，在"字体颜色"中选择"红色"，单击"确定"按钮，返回到"查找和替换"对话框，如图 3-6 所示，在"查找和替换"对话框中单击"全部替换"按钮，弹出替换情况消息对话框，如图 3-7 所示，单击"确定"按钮，关闭"查找和替换"对话框，完成设置。

图 3-5 "替换字体"对话框

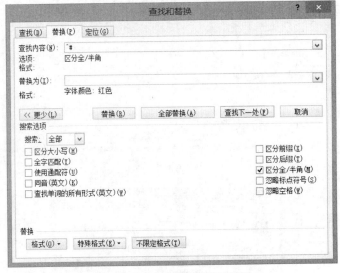

图 3-6 "查找和替换"对话框

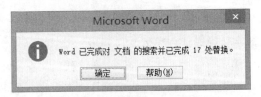

图 3-7 查找和替换消息框

7．将标题设置为黑体三号，加粗，波浪形下画线，居中对齐，段前段后间隔 1 行

选中标题文字"音乐"，单击"开始"选项卡"字体"组中的 ⌐ 按钮，弹出"字体"对话框，如图 3-8 所示，在"中文字体"下拉列表框中选择"黑体"，在"字形"列表框中选择"加粗"，在"字号"列表框中选择"三号"，在"下画线线型"下拉列表框中选择"波浪线"，单击"确定"按钮，完成字体设置。

选中标题文字"音乐"，单击"开始"选项卡"段落"组中的 按钮，弹出"段落"对话框，如图 3-9 所示，在"常规"选项组的"对齐方式"下拉列表框中选择"居中"，在"间距"选项组的"段前""段后"微调框中分别设置为"1 行"，单击"确定"按钮，完成段落设置。

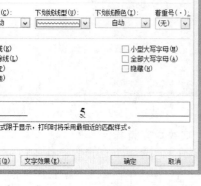

图 3-8　"字体"对话框　　　　　　　　图 3-9　"段落"对话框

8．将正文所有段落首行缩进 2 字符，行距设置为固定值 28 磅

选中正文所有段落文字，单击"开始"选项卡"段落"组中的 按钮，弹出"段落"对话框，如图 3-9 所示，在"缩进和间距"选项卡的"特殊格式"下拉列表框中选择"首行缩进"，"磅值"中输入"2 字符"，在"行距"中选择"固定值"，在"设置值"中输入 28 磅，单击"确定"按钮，完成设置。

9．将第一段文本的字体设置为楷体，小四，红色，加粗，并加上双下画线

选择第一段文字，单击"开始"选项卡"字体"组中的 按钮，弹出"字体"对话框，如图 3-8 所示，选择"字体"选项卡，在"中文字体"下拉列表框中选择"楷体"，在"字号"列表框中选择"小四"，在"字体颜色"下拉列表框中选择"红色"，在"字形"列表框中选择"加粗"，在"下画线线型"中选择"双下画线"线条，单击"确定"按钮，完成设置。

10．将第二段首字下沉 3 行，首字字体设置为隶书

选中第二段首字"音"，单击"插入"选项卡"文本"组中的"首字下沉"按钮，选择"首字下沉选项"命令，弹出"首字下沉"对话框，如图 3-10 所示，选择"下沉（D）"选项，字体选择"隶书"，"下沉行数"输入 3，单击"确定"按钮，完成设置。

11. 将第三段文字的字符间距加宽 2 磅

选中第三段文字，单击"开始"选项卡"字体"组中的 按钮，弹出"字体"对话框，如图 3-8 所示，选择"高级"选项卡，如图 3-11 所示，在"间距"下拉列表框中选择"加宽"，"磅值"中输入 2 磅，单击"确定"按钮，完成设置。

图 3-10 "首字下沉"对话框

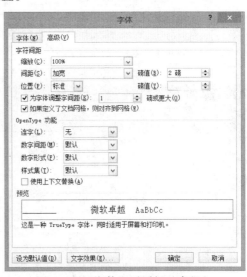

图 3-11 "字体"对话框（高级）

12. 给第四段文字添加 0.75 磅红色虚线边框，底纹填充为黄色

选中第四段中的文字，单击"开始"选项卡"段落"组中的"边框和底纹"按钮 ，弹出"边框和底纹"对话框，如图 3-12（a）所示，在"边框"选项卡中单击"方框"选项，"样式"列表框中选择"虚线"，"宽度"下拉列表框中选择"0.75 磅"，"应用于"下拉列表框中选择"段落"，单击"确定"按钮，完成设置。

选中第四段中的文字，打开"边框和底纹"对话框，如图 3-12（a）所示，单击"底纹"选项卡，如图 3-12（b）所示，在"填充"下拉列表框中选择"红色"，"应用于"下拉列表框中选择"段落"，单击"确定"按钮，完成设置。

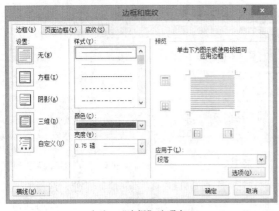

（a） "边框"选项卡

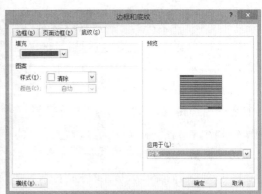

（b） "底纹"选项卡

图 3-12 "边框和底纹"对话框

13. 将最后一段分成三栏，中间加分隔线

选中文本最后一段，单击"页面布局"选项卡"页面设置"组中的"分栏"按钮，选择"更多分栏"命令，弹出"分栏"对话框，如图 3-13 所示，在"预设"选项组中选择"三栏"，选中"分隔线"复选框，单击"确定"按钮，完成设置。

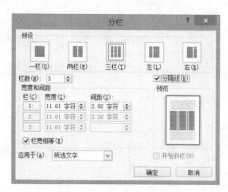

图 3-13　"分栏"对话框

14. 艺术字

用"音乐"制作成艺术字，艺术字填充样式选用第二行第一列填充效果，艺术字"文本效果"为"转换"→"弯曲"→"倒 V 形"，版式设为"浮于文字上方"，置于第二自然段之后。

单击"插入"选项卡"文本"组中的"艺术字"按钮，如图 3-14 所示，选择第二行第一列艺术字填充样式，会插入默认文字为"请在此放置您的文字"文本框，删除默认文本，在文本框中输入"音乐"。用鼠标拖动文本框边框，以调整文本框到合适的大小。

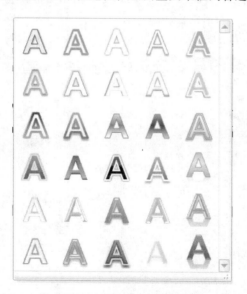

图 3-14　艺术字填充样式

选中艺术字，此时在菜单栏上会显示"绘图工具"选项卡，单击"艺术字样式"组中的"文本效果"按钮，选择"转换"→"弯曲"→"倒 V 形"效果，如图 3-15 所示。

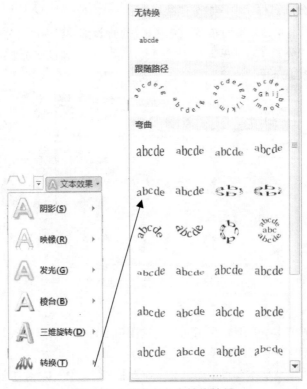

图 3-15 艺术字文本转换效果

　　选中艺术字，单击"绘图工具/格式"选项卡"排列"组中的"位置"按钮，选择"其它布局选项"命令，弹出"布局"对话框，如图 3-16 所示，选择"文字环绕"选项卡，选择"浮于文字上方"选项，单击"确定"按钮，把"音乐"艺术字拖放到第二段后面位置，完成设置。

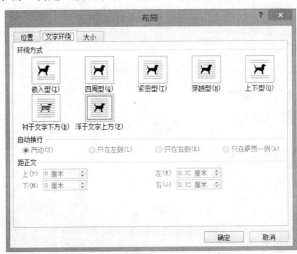

图 3-16 艺术字"布局"对话框

15．在文档适当位置插入一张剪贴画，图片宽度和高度均缩放为 50%，环绕方式为"紧密型"

　　单击"插入"选项卡"插图"组中的"剪贴画"按钮，打开"剪贴画"任务窗格，如图 3-17

（a）所示，保持默认设置，单击"搜索"按钮，显示系统中的剪贴画图片，如图 3-17（b）所示，任意单击一张剪贴画完成剪贴画插入。

（a）　"剪贴画"任务窗格

（b）　搜索剪贴画

图 3-17　在文档中插入剪贴画

双击剪贴画图片，单击"图片工具/格式"选项卡"大小"组中的 按钮，弹出"布局"对话框，选择"大小"选项卡，如图 3-18（a）所示，在"缩放"选项组的"高度"微调框中输入 50%，"宽度"微调框中输入 50%，选择"文字环绕"选项卡，如图 3-18（b）所示，在"环绕方式"选项组中选择"紧密型"选项，单击"确定"按钮。

用鼠标移动剪贴画到文本适当位置，完成设置。

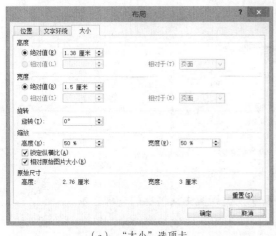

（a）　"大小"选项卡

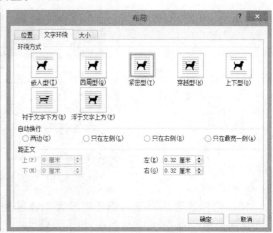

（b）　"文字环绕"选项卡

图 3-18　"布局"对话框

16. 给页面添加文字水印，文字为"音乐"，字体为"华文行楷"，版式为"斜式""半透明"

单击"页面布局"选项卡"页面背景"组中的"水印"按钮，单击"自定义水印"命令，弹出"水印"对话框，如图 3-19 所示，选择"文字水印"单选按钮，在"文字"文本框中输入"音乐"，在"字体"下拉列表框中选择"华文行楷"，版式选择"斜式"单选按钮，选择"半透明"复选框，单击"确定"按钮，完成设置。

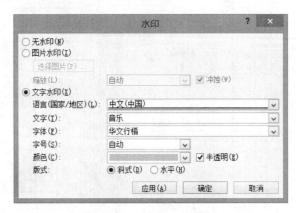

图 3-19 "水印"对话框

17. 给页面添加填充效果，使用纹理"鱼类化石"进行填充

单击"页面布局"选项卡"页面背景"组中的"页面颜色"按钮，选择"填充效果"命令，弹出"填充效果"对话框，如图 3-20 所示，选择"纹理"选项卡，选择"鱼类化石"选项，单击"确定"按钮，完成设置。

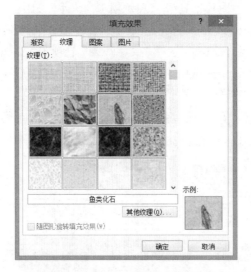

图 3-20 "填充效果"对话框

18. 给标题添加脚注，脚注内容为"音乐是反映人类现实生活情感的一种艺术"

选中标题文字或光标定位到标题文字后面，单击"引用"选项卡"脚注"组中的"插入脚注"按钮，此时光标自动跳到脚注位置，录入脚注文字"音乐是反映人类现实生活情感的一种艺术"即可。

19．保护文档，用密码进行加密，密码设置为"123"

单击"文件"→"信息"→"保护文档"按钮，如图 3-21 所示，选择"用密码进行加密"命令，弹出"加密文档"对话框，如图 3-22 所示，在"密码"文本框中输入密码"123"，单击"确定"按钮，弹出"确认密码"对话框，如图 3-23 所示，重新输入密码；单击"确定"按钮，完成设置。

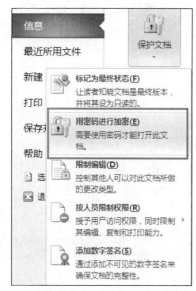

图 3-21　保护文档选项

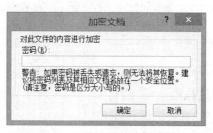

图 3-22　"加密文档"对话框

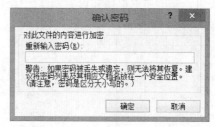

图 3-23　"确认密码"对话框

20．保存 word-1.docx 文档

单击"文件"→"保存"按钮，完成文档存档。

任务二　Word 2010 样式应用

任务描述

样式是提前定义好的格式，样式中可以对字体、段落等进行设置，能够快速地实现对文字和段落的修饰。本任务需要熟练掌握新建、应用、修改及删除样式的相关操作。本任务需完成操作如下：

打开"word-2.docx"文档，按下面要求完成各项操作。

① 创建样式。

● 新建样式，样式名称为 MyStyle；

● 样式基准于正文，字体样式为：华文行楷、小四号；

● 段落样式为：首行缩进两个字符，段前段后间距为 1 行，行距为固定值 25 磅；

● 边框样式为：虚线、0.75 磅，应用于段落；

● 该样式"仅限此文档""添加到快速样式列表"并"自动更新"。

② 应用样式。
- 文档标题应用标题 1 样式；
- 文档正文部分应用 MyStyle 样式。

③ 修改标题 1 样式，字体增加"着重号"，并设置居中显示。

注：以上操作文档效果参考文档"word-2 样张.docx"

④ 保存 word-2.docx 文档，再另存为 word-2 副本.docx，删除 MyStyle 样式。

任务实施

双击打开"word-2.docx"文档。

1. 创建样式

（1）新建样式，样式名称为 MyStyle

单击"开始"选项卡"样式"组中的 按钮，打开"样式"窗格，如图 3-24 所示。单击"新建样式"按钮，弹出"根据格式设置创建新样式"对话框，如图 3-25 所示，在"名称"文本框中输入样式名称 MyStyle。

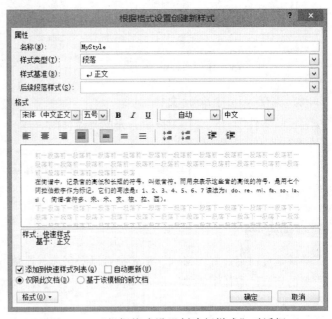

图 3-24 "样式"窗格　　　　　图 3-25 "根据格式设置创建新样式"对话框

（2）样式基准于正文，字体样式为：华文行楷、小四号

在图 3-25 中，单击"格式"按钮，在弹出的菜单中选择"字体"命令（见图 3-26），弹出"字体"对话框，如图 3-27 所示，在"中文字体"中选择"华文行楷"，"字号"选择"小四"，单击"确定"按钮，返回到"根据格式设置创建新样式"对话框，完成本小题操作。

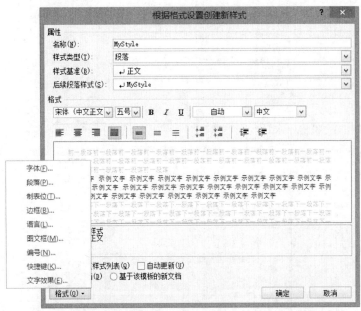

图 3-26 "格式"命令

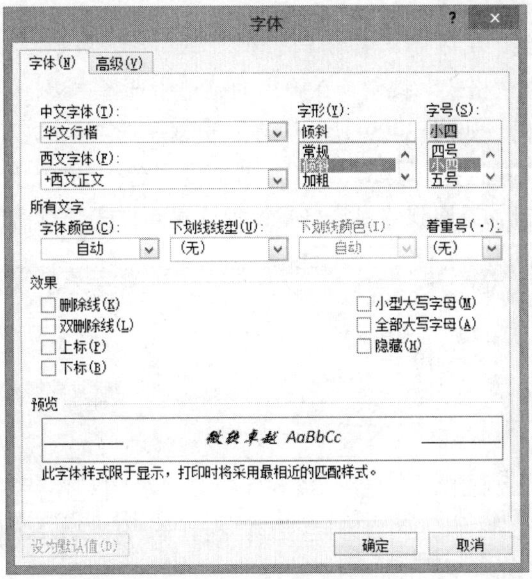

图 3-27 "字体"对话框

（3）段落样式：首行缩进两个字符，段前段后间距为1行，行距为固定值25磅

在图 3-25 中，单击"格式"按钮，在弹出的菜单中选择"段落"命令（见图 3-26），弹出"段落"对话框，如图 3-28 所示，在"特殊格式"下拉列表框中选择"首行缩进"，"磅值"设置为"2字符"，"间距"中的"段前"设置为"1行"，在"行距"下拉列表框中选择"固定值"，"设置值"设置为"25磅"，单击"确定"按钮，返回到"根据格式设置创建新样式"对话框，完成本小题操作。

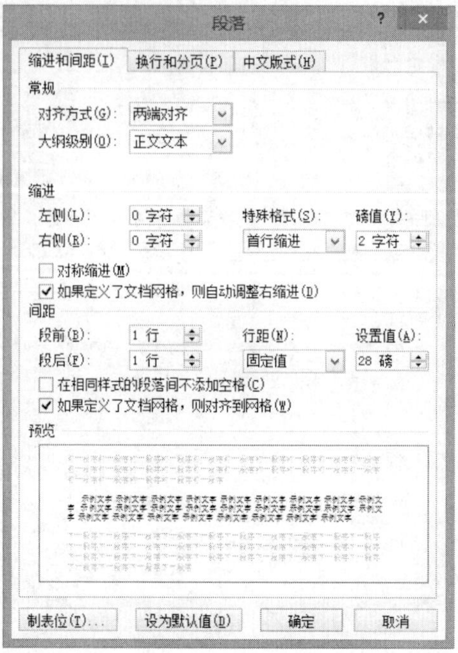

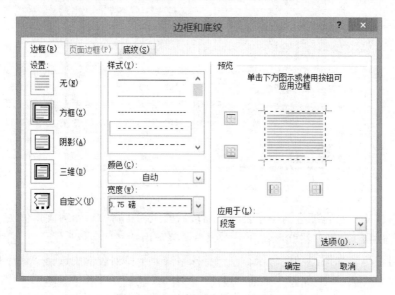

图 3-28　"段落"对话框

（4）边框样式：虚线、0.75 磅，应用于段落

在图 3-25 中，单击"格式"按钮，在弹出的菜单中选择"边框"命令（见图 3-26），弹出"边框和底纹"对话框，如图 3-29 所示，在"边框"选项卡的"设置"选项组中选择"方框"，在"样式"列表框中选择"虚线"线型，"宽度"选择"0.75 磅"，"应用于"选择"段落"，单击"确定"按钮，返回到"根据格式设置创建新样式"对话框，完成本小题操作。

图 3-29　"边框和底纹"对话框

（5）该样式"仅限此文档""添加到快速样式列表"并"自动更新"

在"根据格式设置创建新样式"对话框中，选择"仅限此文档"单选按钮，选择"添加到快速样式列表"复选框，选择"自动更新"复选框，单击"确定"按钮，如图 3-30 所示。

样式设置完成后，MyStyle 样式会显示在样式列表中，如图 3-31 所示。当使用"MyStyle"样式后，也会显示在"样式"组常用样式列表中，如图 3-32 所示，完成本小题操作。

图 3-30　设置完成后的 MyStyle 样式对话框

图 3-31　样式选择框中的 MyStyle 样式

图 3-32　"样式"组中的 MyStyle 样式

2．应用样式

（1）文档标题应用标题 1 样式

选中文档标题"音乐"，单击"开始"选项卡"样式"组中的"标题 1"样式，给标题应用"标题 1"样式，完成本小题操作。

（2）文档正文部分应用 MyStyle 样式

选中文档正文部分全部内容，单击"开始"选项卡"样式"组中的"MyStyle"样式，则正文部分内容全部应用 MyStyle 所设置的样式，完成本小题操作。

3．修改标题 1 样式，字体增加"着重号"，并设置居中显示

单击"开始"选项卡"样式"组中的 ▣ 按钮，打开"样式"窗格，选择"标题 1"选项（鼠

标悬浮在标题 1 上，会显示下拉按钮，如图 3-33 所示），单击下拉按钮，在弹出的菜单中选择"修改"命令，弹出"修改样式"对话框。

单击"格式"按钮，在弹出的菜单中选择"字体"命令，弹出"字体"对话框，在"着重号"下拉列表框中选择"·"，单击"确定"按钮，返回到"修改样式"对话框，如图 3-34 所示，单击"居中"按钮，单击"确定"按钮，标题会自动更新为"标题 1"修改后的样式，效果如图 3-35 所示，完成本小题操作。

图 3-33　修改样式

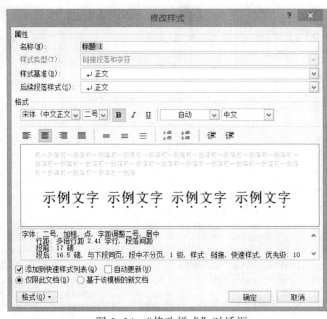

图 3-34　"修改样式"对话框

音乐

图 3-35　修改样式后的标题效果

4. 保存 word-2.docx 文档，再另存为 word-2 副本.docx，删除 MyStyle 样式

单击"文件"选项卡中的"保存"按钮，完成文档存档。

单击"文件"选项卡中的"另保存"按钮，弹出"另存为"对话框，选择文档保存路径，在"文件名"文本框中输入"word-2 副本"，单击"保存"按钮。

在"样式"窗格中右击"MyStyle"样式，弹出的快捷菜单如图 3-36 所示，选择"删除MyStyle"命令，弹出删除样式确认对话框，如图 3-37 所示，单击"是"按钮完成 MyStyle样式的删除。

思考：删除 MyStyle 样式后，文档中应用过 MyStyle 样式的文本或段落将发生什么变化？

图 3-36 删除 MyStyle 样式

图 3-37 删除样式确认对话框

任务三　Word 2010 表格高级应用

任务描述

对 Word 表格的操作主要包括表格的插入、单元格的拆分、合并、删除以及表格的布局与设计等操作。本任务要求读者掌握文本与表格的相互转换、表格边框设置、函数计算、重复行设置等操作。本任务需完成的操作如下：

① 文本转换成表格。把下面以逗号分隔的文本转换成图 3-38 所示的表格。

受试日,基础 FEV_1（L）,基础 PEF（L/min）

吸入 NS 前,2.19±0.86,376±103

吸入利多卡因前,2.18±0.87,373±105

P 值,>0.1,>0.1

受试日	基础 FEV_1 (L)	基础 PEF（L/min）
吸入 NS 前	2.19±0.86	376±103
吸入利多卡因前	2.18±0.87	373±105
P 值	>0.1	>0.1

图 3-38 表格样式

② 创建三线表格。把图 3-38 所示表格设置成如图 3-39 所示的三线表格。

受试日	基础FEV_1（L）	基础PEF（L/min）
吸入 NS 前	2.19 ± 0.86	376 ± 103
吸入利多卡因前	2.18 ± 0.87	373 ± 105
P 值	>0.1	>0.1

图 3-39　三线表格样式

③ 表格的计算与排序。

● 打开"学生成绩表.docx"文档，利用函数计算每个学生的总分和平均分；

● 按总分降序进行排序，如总分相同按语文成绩降序排序。

④ 设置学生成绩表重复标题行。

任务实施

打开 Word 软件，新建空白文档，并保存为"word-3.docx"。

1. 文本转换成表格

在 word-3.docx 文档中按要求输入文本内容，文本内容如下所示：

受试日,基础FEV_1（L）,基础PEF（L/min）

吸入 NS 前,2.19 ± 0.86,376 ± 103

吸入利多卡因前,2.18 ± 0.87,373 ± 105

P 值,>0.1,>0.1

提示：文本中的逗号是英文标点逗号。

选中需要转换成表格的文本，单击"插入"选项卡"表格"组中的"表格"按钮，打开"插入表格"下拉菜单，如图 3-40 所示，选择"文本转换成表格"命令，弹出"将文本转换成表格"对话框，如图 3-41 所示，在"文字分隔位置"选项组中选择"逗号"单选按钮，其他保持默认，单击"确定"按钮，完成文本转换成表格操作。

图 3-40　插入表格下拉菜单

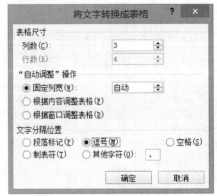

图 3-41　"将文本转换成表格"对话框

2. 创建三线表格

选中刚转换的表格，单击"表格工具/设计"选项卡"表格样式"组中的"边框"按钮，在下拉菜单中选择"边框和底纹"命令，弹出"边框和底纹"对话框。

在"预览"选项组单击表格纵向边框以去掉纵向边框（注：单击一次去掉边框，再单击一次添加边框），如图 3-42（a）所示，单击"确定"按钮，表格样式如图 3-42（b）所示。

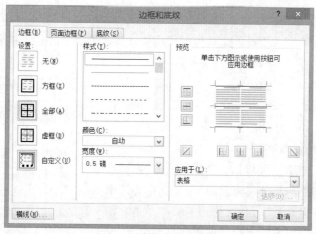

（a）　"边框和底纹"对话框

受试日	基础 FEV1（L）	基础 PEF（L/min）
吸入 NS前	2.19±0.86	376±103
吸入利多卡因前	2.18±0.87	373±105
P 值	＞0.1	＞0.1

（b）去纵向边框表格样式

图 3-42 设置表格边框

选中表格第二、三、四行，单击"表格工具"中的"设计"选项卡"表格样式"组中的"边框"按钮，在下拉菜单中选择"边框和底纹"命令，弹出"边框和底纹"对话框。在"预览"选项组中单击中间横向边框，以去掉横向边框，如图 3-43（a）所示，单击"确定"按钮，表格样式如图 3-43（b）所示，完成三线表格设置。

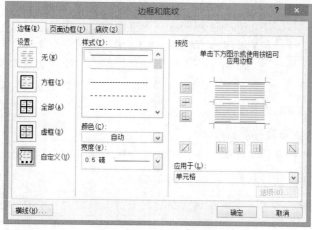

（a）"边框和底纹"对话框

受试日	基础 FEV1（L）	基础 PEF（L/min）
吸入 NS前	2.19±0.86	376±103
吸入利多卡因前	2.18±0.87	373±105
P值	＞0.1	＞0.1

（b）去横向边框表格样式

图 3-43   创建三线表格

3. 表格的计算与排序

（1）打开"学生成绩表.docx"文档，利用函数计算每个学生的总分和平均分

① 双击打开"学生成绩表.docx"文档。

② 利用函数计算每个学生的总分。将光标定位到第一个学生的"总分"单元格中，单击"表格工具/布局"选项卡"数据"组中的"公式"按钮，弹出"公式"对话框，如图 3-44 所示，在"粘贴函数"下拉列表框中选择求和函数 SUM（注：一般默认显示为 SUM），单击"确定"按钮，完成第一个学生的总分计算。

先复制第一个学生的总分成绩，然后用鼠标拖动选中第二个及后面所有学生总分单元格，按【Ctrl+V】组合键粘贴第一个学生总分，按【F9】键实现刷新自动填充。

图 3-44   "公式"对话框

③ 利用函数计算每个学生的平均分

将光标定位到第一个学生的"平均分"单元格中，单击"表格工具/布局"选项卡"数据"组中的"公式"按钮，弹出"公式"对话框，如图 3-44 所示，先删除默认函数，在"粘贴函数"下拉列表框中选择平均值函数AVERAGE，函数参数中输入第一个学生的各科成绩所在区域C3:C5，如 AVERAGE(C3:C5)，单击"确定"按钮，完成第一个学生的平均分计算。

先复制第一个学生的平均分成绩，然后用鼠标拖动选中第二个及后面所有学生平均分单元格，按【Ctrl+V】组合键粘贴第一个学生平均分，按【F9】键实现刷新自动填充。

提示：Word 表格中的数据可以利用函数或公式进行计算，但 Word 本身没有填充功能，需先利用函数或公式自动计算出一个结果，然后，复制该结果，再将结果粘贴到需要计算的其他单元格中，最后按【F9】键实现刷新自动填充。

（2）按总分降序进行排序，如总分相同按语文成绩降序排序

光标定位在表格的任意位置，单击"表格工具/布局"选项卡"数据"组中的"排序"按钮，弹出"排序"对话框，如图 3-45 所示，在"主要关键字"下拉列表框中选择"总分"并选择"降序"单选按钮，在"次要关键字"下拉列表框中选择"语文"并选择"降序"单选按钮，单击"确定"按钮，完成本小题操作。

4. 设置学生成绩表重复标题行

选中表格第一行中的字段名（表头），单击"表格工具/布局"选项卡"数据"组中的"重复标题行"按钮，完成本小题操作。

提示：重复标题行的作用是当表格内容超过一页时，第二页就会自动出现与第一页一样的表头，便于阅读。

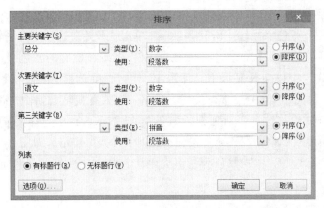

图 3-45 "排序"对话框

任务四 Word 2010 创建多级列表

任务描述

多级列表是使用不同形式的编号来实现文档的标题或段落的层次，是一种文档内容结构层级管理的方法，也是一种文档排版的手段。该任务要求读者掌握定义新的多级列表并能应用多级列表。通过本任务的学习为下一任务实现自动目录的生成打下基础。本任务需完成的操作如下：

打开"word-4.docx"文档，按"word-4 样张.docx"所示样式完成多级列表设置。

说明：

1. 将红色字部分设置为一级大纲；
2. 将蓝色字部分设置为二级大纲；
3. 将绿色字部分设置为三级大纲。

任务实施

双击打开"word-4.docx"文档。

1. 设置大纲级别

思考：如何快速选择所有的红色字标题或蓝色字标题或绿色字标题（提示：所有的红色字格式是一样的，所有的蓝色字格式一样，所有的绿色字格式一样）？

（1）设置红色字为一级标题

选择文档中第一个红色字标题"绪论"，单击"开始"选项卡"编辑"组中的"选择"按钮，选择"选择所有格式类似的文本（无数据）S"命令，所有的红色字被选中，在"样式"组中单击"标题 1"选项（注："标题 1"样式默认为 1 级大纲），此时，所有的红色字应用了"标题 1"样式。

（2）设置蓝色字为二级标题

选择文档中第一个蓝色字标题"研究背景"，单击"开始"选项卡"编辑"组中的"选择"按钮，选择"选择所有格式类似的文本（无数据）S"命令，所有的蓝色字被选中。

在默认的"样式"中可能只显示了"标题 1"样式，要选择"标题 2""标题 3"，…，"标题 9"样式，在"样式"组中单击囗按钮，弹出"样式"窗格，如图 3-46 所示，单击"选项"按钮，弹出"样式窗格选项"对话框，如图 3-47 所示，在"选择要显示的样式"下拉列表框中选择"所有样式"，单击"确定"按钮。此时"样式"窗格，如图 3-48 所示，单击"标题 2"选项（注："标题 2"样式默认为 2 级大纲），此时，所有的蓝色字应用了"标题 2"样式。

图 3-46 "样式"窗格 　　　图 3-47 "样式窗格选项"对话框 　　　图 3-48 "样式"窗格（所有样式）

（3）设置绿色字为三级标题

选择文档中第一个绿色字标题"网络规模稳居世界首位，普及率持续稳步增长"，单击"开始"选项卡"编辑"组中的"选择"按钮，选择"选择所有格式类似的文本（无数据）S"命令，所有的蓝色被选中，在如图 3-48 所示的样式选择框中单击"标题 3"选项（注："标题 3"样式默认为级大纲），此时，所有的绿色字应用了"标题 3"样式。

2．定义新的多级列表

在"开始"选项卡的"段落"组中，单击"多级列表"的下三角按钮，如图 3-49 所示，选择"定义新的多级列表"命令，弹出"定义新多级列表"对话框，如图 3-50（a）所示。

单击"定义新多级列表"对话框中"更多"按钮，如图 3-50（b）所示，在"单击要修改的级别"中选择"1"，在"将级别链接到样式"中选择"标题 1"，其他选项保持默认。

在"单击要修改的级别"中选择"2"，在"将级别链接到样式"中选择"标题 2"，其他选项保持默认。

在"单击要修改的级别"中选择"3"，在"将级别链接到样式"中选择"标题 3"，其他选项保持默认。

单击"确定"按钮，完成多级列表设置。

图 3-49 "多级列表"按钮

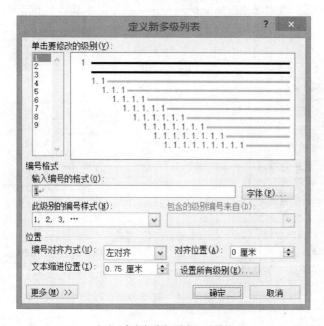

（a）"定义新多级列表"对话框

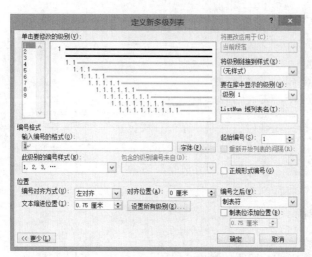

（b）"定义新多级列表"对话框

图 3-50 定义新的多级列表

任务五　Word 2010 创建目录

任务描述

目录对大家来说都不陌生，如书籍前面的目录。平时我们在写论文、方案或报告时，文档一般较长，在长文档中为了方便查找内容或定位，需要按标题或章节生成目录。本任务需完成的操作如下：

打开“word-5.docx”文档，按“word-5 样张.docx”所示样式生成文档目录。目录效果如图 3-51 所示。

目　录

一、Word 文字处理..2
　（一）Word 简介..2
　（二）Word 的作用..2
二、Excel 电子表格处理..3
　（一）Excel 简介..3
　（二）Excel 发展历史..3
　（三）Excel 版本..4
三、PowerPoint 演示文稿..4
　（一）PowerPoint 简介..4
　（二）PowerPoint 的作用..5

图 3-51　目录效果

说明：一级大纲对应一级目录、二级大纲对应二级目录，依次类推，最多可设置九级大纲及最多可设置九级目录。

任务实施

双击打开“word-5.docx”文档。

1．插入新页

将光标定位在文档标题开始位置即“办公自动化软件介绍”左边，单击“页面布局”选项卡“页面设置”组中的“分隔符”按钮，在弹出的如图 3-52 所示的下拉菜单中，选择“分节符”下的“下一页”选项（注：插入“分节符”下的“下一页”对制作复杂的页眉和页码十分关键，在“任务六”中将详细介绍），此时插入一个新的页面，在新的页面中插入目录。

2．设置大纲级别

选中所有一级目录标题“一、Word 文字处理”“二、Excel 电子表格处理”……，单击“开始”选项卡“段落”组中的按钮，弹出“段落”对话框，如图 3-53 所示，在“常规”选项组中“大纲级别”下拉列表框中选择“1 级”选项。

　　选中所有二级目录标题"（一）Word 简介""（二）Word 的作用"……，单击"开始"菜单"段落"组中的 📭 按钮，弹出"段落"对话框，如图 3-53 所示，在"常规"选项组中的"大纲级别"下拉框列表框中选择"2 级"选项。

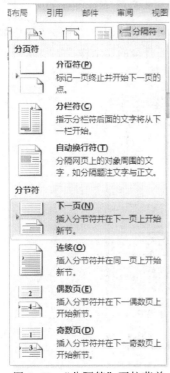

图 3-52　"分隔符"下拉菜单

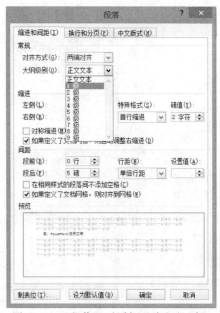

图 3-53　"段落"对话框（大纲级别）

　　思考： 如何选择不连续的文本？

　　提示： 单击"视图"选项卡"显示"组中的"导航窗格"复选框，会按设置的大纲级别显示导航信息（导航信息与显示的目录是一致的），如图 3-54 所示。

图 3-54　导航窗格

3．插入目录

光标定位到新页面（即第1节）的第一行，输入文字"目　录"，选中"目　录"，单击"开始"选项卡"段落"组中的"居中"按钮，并设置合适的字体样式。按【Enter】键分段，将新段落设置为"文档左对齐"。

光标定位到第二段（即第二行），单击"引用"选项卡"目录"组中的"目录"按钮，弹出"目录"对话框，如图3-55所示。在"目录"选项卡中可设置目录的显示样式、显示级别等，这里全部默认，单击"确定"按钮，完成目录设置。

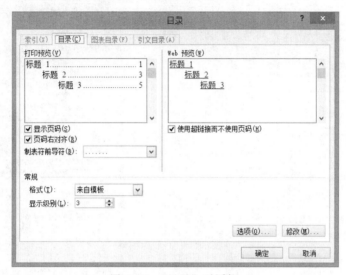

图3-55　"目录"对话框

提示：当文档内容发生变化时，目录内容或页码也可能会发生变化，右击目录区域，在弹出的快捷菜单中选择"更新域"命令，弹出"更新目录"对话框，如图3-56所示，单击"更新整个目录"单选按钮，单击"确定"按钮，完成目录的更新。

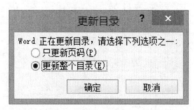

图3-56　"更新目录"对话框

任务六　Word 2010页眉/页脚高级应用

任务描述

在正常情况下，不同页的页眉是一样的，页码都是连续的。本任务需要掌握实现在不同节中插入不同的页眉与页码，如每一章用不同的页眉，文档的目录和正文部分插入不同的编码格式等。本任务需完成的操作如下：

打开"word-6.docx"文档，按"word-6样张.docx"所示，按下面要求完成各项操作。

① 在目录前插入"连线型"封面（封面内容保持默认）。

② 插入页眉与页脚。

- 第一部分（即第一页）为封面部分，不需要插入页眉和页码；
- 第二部分为目录部分，不插入页眉，页码编码格式用罗马数字，页码编号的起始页码从I开始编，居中显示；
- 第三部分为正文部分，分别用一级目录作为每章节的页眉，页码编码格式用阿拉伯数字，页码编号的起始页码从1开始编；
- 正文部分所有章节连续编码，奇数页的页码左对齐，偶数页的页码右对齐。

任务实施

双击打开"word-6.docx"文档。

1. 插入封面

将光标定位在"目　录"文本的左边，单击"页面布局"选项卡"页面设置"组中"分隔符"按钮，在弹出的如图3-52所示的下拉菜单中，选择"分节符"下的"下一页"命令，此时在目录页前插入一个新的页面，在新的页面中插入封面。

将光标定位到第一页，单击"插入"选项卡"页"组中的"封面"按钮，如图3-57所示，在"内置"封面样式中选择"边线型"，完成封面插入。

图3-57　内置封面选择

2．设置目录部分页码

单击"插入"选项卡"页眉和页脚"组中的"页眉"按钮，在下拉菜单选择"编辑页眉"命令以激活页眉与页脚（也可双击文档顶部空白处快速激活页眉与页脚），我们可以看到，第一部分"封面部分"为"第1节"，第二部分"目录部分"为"第2节"，第三部分"正文部分"全部为"第3节"。将光标定位到"第2节"（目录部分）的页脚处，默认情况下可以看到，在页脚右边有"与上一节相同"提示，在"页眉和页脚工具"选项卡的"导航"组中，单击"链接到前一条页眉"按钮，"与上一节相同"提示消失。

提示： "与上一节相同"是指由分隔符分隔开来的两节之间的页眉/页脚相同，在页眉/页脚的编辑状态下单击"链接到前一条页眉"按钮，这个"与上一节相同"提示就会消失，此时两个不同节的页眉/页脚就可以设置不同了；如果再一次单击"链接到前一条页眉"按钮，就等于设置了"与上一节相同"（"与上一节相同"提示将又出现），"链接到前一条页眉"按钮可重复单击，"与上一节相同"将交接出现或消失。这个功能非常适用于分块编辑。

单击"插入"选项卡"页眉和页脚"组中的"页码"按钮，单击"设置页码格式（F）…"命令，弹出"页码格式"对话框，如图3-58所示，在"编号格式"中选择罗马数字，不要选中"包含章节号"复选框，在"页码编号"中选择"起始页码"单选按钮并从I开始，单击"确定"按钮。

再一次单击"页码"按钮，鼠标放在"当前位置（C）"上，在弹出的页码样式中选择第一个"普通数字"命令，单击"开始"选项卡"段落"组中的"居中"按钮，完成目录部分页码设置。

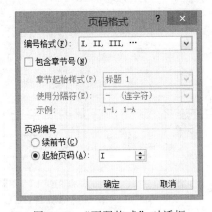

图3-58　"页码格式"对话框

3．设置正文部分页眉和页码

（1）按章设置分节符

由于正文部分属于同一节，要分别给不同章的页面设置不同的页眉，因此需要先给每章设置"分节符"，使每章成为单独的节。

把光标定位在"一、Word文字处理"内容的后面或"二、Excel电子表格处理"的前面，单击"页面布局"选项卡"页面设置"组中的"分隔符"按钮，在"分节符"下选择"下一页"命令完成本章的分节设置。

重复上述操作，完成"二、Excel电子表格处理""三、PowerPoint演示文稿"的分节设置。

（2）设置正文部分的页眉

双击文档顶部空白处激活页眉与页脚，将光标定位到"一、Word 文字处理"即"第 3 节"的首页的页眉位置，页眉右边有"与上一节相同"的提示，单击"页眉和页脚工具"选项卡"导航"组中的"链接到前一条页眉"按钮，"与上一节相同"提示消失。在页眉中输入"一、Word 文字处理"。

光标定位到"二、Excel 电子表格处理"即"第 4 节"的首页的页眉位置，页眉右边有"与上一节相同"的提示，单击"页眉和页脚工具"选项卡"导航"组中的"链接到前一条页眉"按钮，"与上一节相同"提示消失。在页眉中输入"二、Excel 电子表格处理"。

依次类推，完成后面各章的页眉设置。在页面空白处双击，关闭页眉与页脚。

（3）设置正文部分的页码

双击文档顶部空白处激活页眉与页脚，光标定位到"一、Word 文字处理"即"第 3 节"的首页的页脚位置，页脚右边有"与上一节相同"的提示，在"页眉和页脚工具"选项卡"导航"组中，单击"链接到前一条页眉"按钮，"与上一节相同"提示消失。

在"页眉和页脚工具"选项卡的"选项"组中，选择"奇偶页不同"选项，此时左边的提示变成"奇数页页脚-第 3 节"。

单击"插入"选项卡"页眉和页脚"组中的"页码"按钮，选择"设置页码格式（F）…"命令，在"编号格式"中选择阿拉伯数字（默认为阿拉伯数字），不要选中"包含章节号"复选框，在"页码编号"中选择"起始页码"并从 1 开始，单击"确定"按钮。

在"段落"中单击"居左"按钮，再一次单击"页码"按钮，选择"当前位置（C）"命令，在弹出的页码样式中选择第一个"普通数字"选项，完成奇数页的页码插入。

将光标定位到下一页的页脚位置，即"偶数页页脚-第 3 节"，在"插入"选项卡中单击"页码"按钮，选择"当前位置（C）"命令，在弹出的页码样式中选择第一个"普通数字"选项。完成偶数页的页码插入。

在页面空白处双击，关闭页眉与页脚，完成本小题操作。

提示 1：由于正文后面章节的页码是连续编码的，页码默认为"与上一节同"，因此后面部分不用单独设置，会自动显示页码信息。

提示 2：页脚是文档中每个页面的底部的区域。常用于显示文档的附加信息，一般添加页码是通过页脚来实现的。但页脚的功能不仅仅是添加页码，页脚中还可以插入文本或图形等内容。

任务七　Word 2010 创建题注及交叉引用

任务描述

在编辑文档时，针对图片、表格及公式一类的对象，一般需要为对象编号，当文档中有大量图片、表格或公式时，如果没有自动化的处理方法，那么就不易对这些对象进行编辑。Word 2010 中的题注功能能满足对图片、表格等对象的自动化管理。本任务要求读者熟练掌握对图片和表格设置题注并进行交叉引用。本任务需完成的操作如下：

打开"word-7.docx"文档，按"word-7样张.docx"所示，按下面要求完成各项操作。

① 给文档中的所有图片添加题注及交叉引用；

② 给文档中的所有表格添加题注及交叉引用；

③ 在文档正文前插入图表目录。

任务实施

双击打开"word-7.docx"文档。

1. 设置图片的题注及交叉引用

（1）设置图片的题注

将光标定位到第一张图片的下方，在"引用"选项卡中单击"插入题注"按钮，弹出"题注"对话框，如图 3-59 所示。

在"选项"下"标签"下拉列表框中如没有"图""表"标签，则需要手动创建"图"和"表"标签，新建标签操作步骤如下所示：

单击"新建标签"按钮，弹出"新建标签"对话框，如图 3-60 所示，在"标签"文本框中输入"图"，单击"确定"按钮，完成"图"标签设置。按同样的方法，单击"新建标签"按钮，弹出"新建标签"对话框，在"标签"文本框中输入"表"，单击"确定"按钮，完成"表"标签设置。

图 3-59 "题注"对话框

图 3-60 "新建标签"对话框

在"题注"对话框中的"标签"下拉列表框中选择刚创建的标签"图"，此时，"题注"文本框中自动显示"图 1"，在"图 1"后面输入"恒星"（注："题注"文本框中显示的"图 1"字样不能删除），单击"确定"按钮，保持光标在刚创建的题注上，单击"开始"选项卡"段落"中的"居中"按钮。此时完成第一张图的题注设置。

光标定位到第二张图片的下方，在"引用"选项卡"题注"组中单击"插入题注"按钮，弹出"题注"对话框，在"标签"下拉列表框中选择"图"，此时"题注"文本框自动显示"图 2"，在"图 2"后面输入文本"地球"，单击"确定"按钮，保持光标在刚创建的题注上，单击"开始"选项卡"段落"组中的"居中"按钮。此时完成第二张图的题注设置。

依此类推，完成文档中其他图片的题注设置。

（2）设置图片的交叉引用

光标定位到第一张图上方需要交叉引用的地方（"恒星如所示"的"如"后面），单击"引用"选项卡"题注"组中的"交叉引用"按钮，弹出"交叉引用"对话框，如图 3-61 所示，在"引用类型"中选择"图"，"引用内容"中选择"只有标签和编号"，在"引用哪个题注"中选择"图 1 恒星"，单击"插入"按钮。

光标移到第二张图片需要插入交叉引用的位置，在"引用哪个题注"中选择"图 2 地球"，单击"插入"按钮。

依此类推，完成其他交叉引用设置。最后关闭"交叉引用"对话框，完成图片交叉引用操作。

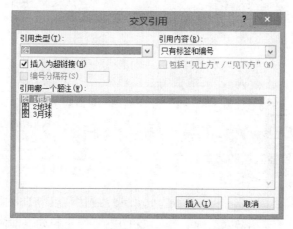

图 3-61　图"交叉引用"对话框

2. 设置表格的题注及交叉引用

（1）设置表格的题注

光标定位到第一张表的上方，单击"引用"选项卡"题注"组中的"插入题注"按钮，弹出"题注"对话框，在"题注"对话框中的"标签"下拉列表框中选择"表"标签，此时，"题注"文本框中自动显示"表 1"，在"表 1"后面输入"学生基本信息"（注："题注"文本框中显示的"表 1"字样不能删除），单击"确定"按钮，保持光标在刚创建的题注上，单击"开始"选项卡"段落"组中的"居中"按钮。此时完成第一张表的题注设置。

光标定位到第二张表的上方，单击"引用"选项卡"题注"组中的"插入题注"按钮，弹出"题注"对话框，在"标签"下拉列表框中选择"表"，此时"题注"文本框自动显示"表 2"，在"表 2"后面输入文本"课程信息"，单击"确定"按钮，保持光标在刚创建的题注上，单击"开始"选项卡"段落"组中的"居中"按钮。此时完成第二张表的题注设置。

如文档中还有表格，按上述方法对各表设置题注。

（2）设置表格的交叉引用

光标定位到第一张表上方需要交叉引用的地方（学生基本信息如所示：的"如"后面），单击"引用"选项卡"题注"组中的"交叉引用"按钮，弹出"交叉引用"对话框，如图 3-62 所示，在"引用类型"中选择"表"，"引用内容"中选择"只有标签和编号"，在"引用哪个题注"中选择"表 1 学生基本信息表"，单击"插入"按钮。

光标移到第二张表需要插入交叉引用的位置，在"引用哪个题注"中选择"表 2 课程信息表"，单击"插入"按钮。

依此类推，完成其他交叉引用设置。最后关闭"交叉引用"对话框，完成表格的交叉引用。

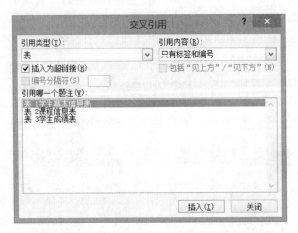

图 3-62　表"交叉引用"对话框

思考：当有图片或表格被删除后，如何更新题注编号？

3．在文档末尾分别插入图和表的目录

（1）插入图的目录

光标定位到文档末尾一行，单击"引用"选项卡"题注"组中的"插入表目录"按钮，弹出"图表目录"对话框，如图 3-63 所示，在"题注标题"下拉列表框中选择"图"，其他选项保持默认，单击"确定"按钮，完成插入图的目录，效果如图 3-64 所示。

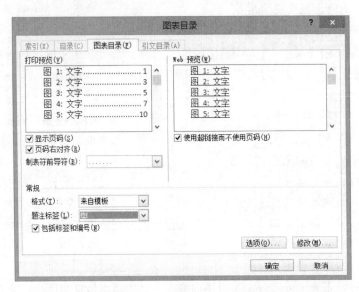

图 3-63　"图表目录"对话框

图 1 恒星..1

图 2 地球..1

图 3 月球..1

图 3-64　图目录

（2）插入表的目录

光标定位到图目录后一行，单击"引用"选项卡"题注"组中的"插入表目录"按钮，弹出"图表目录"对话框，在"题注标题"下拉列表框中选择"表"，其他选项保持默认，单击"确定"按钮，完成插入表的目录，效果如图 3-65 所示。

图 3-65 表目录

任务八 Word 2010 邮件合并制作录取通知书

任务描述

本任务要求读者掌握 Word 的邮件合并功能，应用邮件合并制作"录取通知书"并进行批量打印，通过该任务的学习，使读者达到能举一反三，如应用邮件合并批量打印"邀请函""请柬""工资条""学生成绩单""获奖证书""准考证""明信片""信封"等。本任务需完成的操作如下：

① 按下面内容所示制作邮件合并的主文档。

录取通知书

XX 同学

你已被我院 XX 系 XX 专业录取，报到时请带上你的准考证和学费

XX 元，务必在 XX 前到校报到！

某某大学招生处

2017 年 8 月 10 日

注：XX 内容为邮件合并时从新生信息表中获取的信息。

② 根据新生信息表（新生信息表.xlsx）的记录进行邮件合并，将结果以"word-8 邮件合并结果.docx"为文件名进行保存。

③ 生成单个文件，并将结果以"Word-8 邮件合并单一文件.docx"为文件名进行保存。

④ 批量打印所有学生的录取通知书。

任务实施

1. 制作主文档

按录取学校录取通知书文本内容要求，在 Word 中录入通知书信息（素材参考"word-8 邮

件合并主文档.docx"）。

2．准备数据源

根据主文档内容要求，以 Excel 为例，制作数据源（素材参考"新生信息表.xlsx"文档）。

3．邮件合并

① 打开主文档"word-8 邮件合并主文档.docx"。

② 单击"邮件"选项卡"开始邮件合并"组中的"开始邮件合并"下三角按钮，选择"信函"命令。

③ 单击"选择收件人"下三角按钮，选择"使用现有列表"命令，在弹出的"选取数据源"对话框中找到数据源文件"新生信息表.xlsx"，单击数据源文件，单击"打开"按钮，弹出"选择表格"对话框，如图 3-66 所示，单击表 1 即"Sheet1\$"（注：excel 工作簿默认有 3 张表，新生信息是在表 1 中，因此选择 Sheet1\$。），其他项默认，单击"确定"按钮。

④ 单击"编辑收件人列表"按钮，弹出"邮件合并收件人"对话框，如图 3-67 所示，此时显示的是表中所有学生的信息，如要对数据进行筛选、排序等操作可在"调整收件人列表"下选择对应的链接进行设置，如不对数据进行操作，此步操作可省略，表示当前表中的所有数据。

图 3-66 "选择表格"对话框

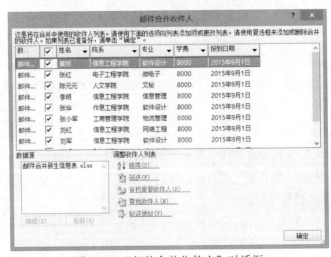

图 3-67 "邮件合并收件人"对话框

⑤ 在文档中选择"XX 同学"中的"XX"，在"编辑和插入域"组中单击"插入合并域"下三角按钮，选择"姓名"，后面依此类推，分别选中"XX"，在"编辑和插入域"组中分别选择"院系""专业""学费""报到日期"，此时，插入合并域的主文档如图 3-68 所示。

录取通知书

《姓名》同学

　　你已被我院 《院系》 系 《专业》 专业录取,报到时请带上你的准考

证和学费 《学费》 元,务必在 《报到日期》 前到校报到!

某某大学招生处

2017 年 8 月 10 日

图 3-68　插入合并域的主文档

⑥ 在主文档中,单击"文件"→"另存为"命令,选择保存路径, "文件名"文本框中输入"word-8 邮件合并结果.docx", 单击"保存"按钮。

⑦ 在"预览结果"组中单击"预览结果"按钮,主文档中插入的"合并域"由具体的数据替换,单击"预览结果"右边的"上一条""下一条"按钮,可以预览不同学生的信息。

⑧ 单击"完成并合并"按钮,弹出"合并到新文档"对话框,如图 3-69 所示,选择"全部"单选按钮,单击"确定"按钮(每个学生生成单独一页),生成的文档默认文件名为"信函 1.docx"。

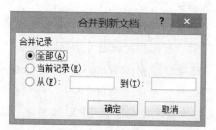

图 3-69　合并到新文档对话框

⑨ 单击"文件"→"另存为"命令,选择保存路径, "文件名"中输入"word-8 邮件合并单一文件.docx", 单击"保存"按钮。此时完成所有的操作。

思考与练习

一、填空题

1. Word 2010 生成的文件扩展名默认为_____。

2. 在 Word 2010 中可以同时打开_____文档窗口,而活动窗口最多可有_____。

3. Word 2010 的视图包括_____、_____、_____、_____、_____。

4. 在 Word 2010 表格中,将两个单元格合并,则原有两个单元格的内容_____。

5. 在 Word 2010 中，复制的快捷键是＿＿＿＿＿＿、粘贴的快捷键是＿＿＿＿＿＿、剪切的快捷键是＿＿＿＿＿＿。

6. 在 Word 2010 的表格中，单元格的内容不能是＿＿＿＿＿＿。

7. Word 2010 的样式是一组＿＿＿＿＿＿的集合。

8. 打开一个 Word 文档，是指把该文档从磁盘调入＿＿＿＿＿＿，并在窗口的工作区显示其内容。

9. 在 Word 中，编辑页眉、页脚时，应选择＿＿＿＿＿＿视图方式。

10. 目前最流行的文字处理软件是＿＿＿＿＿＿和＿＿＿＿＿＿。

二、选择题

1. Word 2010 属于（　　　）。
   A. 操作系统　　　　　　　　　　B. 数据库管理系统
   C. 文字处理软件　　　　　　　　D. 通信软件

2. Word 2010 生成的文件扩展名默认为（　　　）。
   A. docx　　　　B. wod　　　　C. doc　　　　D. wps

3. Word 2010 中，想要显示标题间的层级结构，可以打开（　　　）。
   A. 页面视图　　B. 阅读版式视图　　C. 大纲视图　　D. Web 视图

4. Word 2010 中打开一个已有的文档进行修改后，若希望既保留修改前的文档，又得到修改后的文档，可使用"文件"选项卡中的（　　　）命令。
   A. "保存"　　B. "全部保存"　　C. "另存为"　　D. "关闭"

5. 想要在文档中显示段落标记，可以通过（　　　）进行设置。
   A. "开始"功能区|"段落"对话框启动器|"段落"对话框
   B. "页面布局"功能区|"段落"对话框启动器|"段落"对话框
   C. "文件"选项卡|"选项"命令|"Word 选项"对话框|"高级"选项
   D. "文件"选项卡|"选项"命令|"Word 选项"对话框|"显示"选项

6. 在 Word 2010 中，要单独选择特定行，可把鼠标移到待选行的行首左侧选择区，待鼠标指针变成箭头形状时再（　　　）。
   A. 单击　　B. 双击　　C. 单击 3 下　　D. 右击

7. 在 Word 2010 中，将鼠标移到文档左端选定区，鼠标指针变成箭头时单击 3 下，则（　　　）。
   A. 该行被选定　　　　　　　　B. 该行的下一行被选定
   C. 该行所在的段落被选定　　　D. 全文被选定

8. 使用 Word 2010 进行文档编辑时，将文档中一部分内容复制到别处，首先要进行的操作是（　　　）。
   A. 复制　　B. 粘贴　　C. 选定　　D. 剪切

9. 在 Word 2010 编辑状态下，"开始"选项卡中的"剪切"和"复制"按钮呈灰色显示，则表明（　　　）。
   A. 剪贴板上已经存放了信息　　　B. 在文档中没有选定任何对象
   C. 选定的对象是图片　　　　　　D. 选定的文档内容太长

10. 在 Word 2010 中可以同时打开（　　　）文档窗口，而活动窗口最多可有（　　　）。

A. 2 个，多个　　B. 3 个，3 个　　　C. 4 个，2 个　　　D. 多个，1 个

11. 在 Word 2010 中若要选中不连续的两个段落，则需按下（　　　）键配合鼠标操作。

A. Shift　　　　B. Ctrl　　　　　C. Alt　　　　　D. Tab

12. 在 Word 2010 文档中，按下【Delete】键，可删除（　　　）。

A. 插入点前面的一个字符　　　　B. 插入点前面所有的字符

C. 插入点后面的一个字符　　　　D. 插入点后面所有的字符

13. 在 Word 的编辑状态下，选择了文档全文，若在"段落"对话框中设置行距为 20 磅的格式，应当选择"行距"列表框中的（　　　）。

A. 单倍行距　　B. 1.5 倍行距　　　C. 固定值　　　　D. 多倍行距

14. 关于 Word 2010 中的文字上标与下标设置，以下说法正确的是（　　　）。

A. 只能对阿拉伯数字设置上标或下标

B. 只能对数字和英文字符设置上标与下标

C. 上标与下标，针对汉字、英文字符和阿拉伯数字均可设置

D. 以上说法均不正确

15. Word 2010 中，以下关于行距的说法错误的是（　　　）。

A. 可在"段落"对话框中设置行距的大小

B. 可设置多倍行距

C. 可设置为最小值或固定值

D. 设置行距为"最小值"时，行距值不会随行中字符的增大而增加

16. 若需要在文档每页页面底端插入注释，应该插入以下哪种注释（　　　）。

A. 脚注　　　　B. 尾注　　　　　C. 批注　　　　　D. 题注

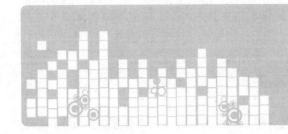

项目 四

电子表格处理

学习目标

- 掌握电子表格的基本操作
- 熟悉电子表格的基本公式和函数
- 掌握数据排序、合并计算、筛选、分类汇总、透视表等操作

项目描述

本项目以 Excel 2010 软件为工作环境进行讲解。Excel 2010 也是 Office 2010 的重要组件之一，是非常优秀的电子表格编辑制作软件。本项目通过几个典型任务介绍 Excel 2010 的相关功能及应用，主要包括 Excel 2010 基本操作、公式和函数的使用、图表的制作与美化，数据的排序、合并计算、高级筛选、分类汇总和透视表等内容。

本项目要完成的任务：

任务一　Excel 2010 应用基础

任务二　Excel 2010 图表应用

任务三　VLOOKUP 函数应用

任务四　数据有效性应用

任务五　Excel 2010 数据筛选高级应用

任务六　Excel 2010 数据分类汇总

任务七　Excel 2010 数据合并计算

任务八　Excel 2010 数据透视表

任务九　Excel 2010 制作工资条

任务十　从身份证号码中提取信息

任务一　Excel 2010 应用基础

任务描述

本任务要求读者熟悉 Excel 2010 的工作环境，熟悉 Excel 的基本操作，包括表格数据格式、数据类型、对齐方式、边框底纹、页面布局、公式及相关函数应用、文档保护等操作。本任务需完成的操作如下：

打开素材"Excel-1.xlsx"文档，按下面要求完成各项操作。

① 设置标题行的行高为 28，其他行的行高为 22；

② 合并 A1:I1 单元格，并设置标题居中显示，字体为黑体，字号为 16；

③ 将各字段名字体设置为黑体，字形为加粗，字号为 14；

④ 设置表格的边框，内框为虚线，外框为双实线；

⑤ 将表中的所有数字设置为居中对齐，保留两位小数；

⑥ 利用公式计算"总分"；

⑦ 利用函数计算学生的"平均分"；

⑧ 利用函数"按总分排名"；

⑨ 利用条件格式，将平均分介于 80 到 100 之间的数据设置为绿色底纹，小于 70 分的数值设置为红色字体；

⑩ 制作包括"姓名""平均分"字段的"带数据标记的雷达图"；

⑪ 打开 sheet2，筛选出所有平均分大于 80 分的学生信息；

⑫ 保护 sheet1 工作表，设置密码为"123"；

⑬ 保存编辑好的"Excel-1.xlsx"文档，退出 Excel 程序。

提示：最终排版样式请参考"Excel-1 样张.xlsx"。

任务实施

双击打开"Excel-1.xlsx"文档，文档内容如图 4-1 所示。

	A	B	C	D	E	F	G	H	I	J	K
1	学生成绩表										
2	学号	姓名	学院	班级	计算机导论	逻辑学	形势政策	计算机专业英语	总分	平均分	按总分排名
3	01001	李小明	信息工程学院	A1801	86	82	75	82			
4	01002	王国强	电子工程学院	A1802	79	73	84	75			
5	01003	赵可欣	信息工程学院	A1801	84	80	76	86			
6	01004	刘祥	网络工程学院	A1803	65	71	70	77			
7	01005	张明健	大数据学院	A1804	91	68	81	82			
8	01006	李可可	网络工程学院	A1803	67	71	68	63			
9	01007	吕洪刚	大数据学院	A1804	83	91	73	79			
10	01008	王睿	电子工程学院	A1802	76	81	72	81			

图 4-1　Excel-1.xlsx 文档内容

1. 设置标题行的行高为 28，其他行的行高为 22

（1）设置标题行的行高

单击行号"1"选中第 1 行（即工作表标题所在行），在行号所在的位置处右击，在弹出的快捷菜单中选择"行高"命令，弹出"行高"对话框，如图 4-2 所示，在"行高"文本框中输入 28，单击"确定"按钮，完成标题行的行高设置。

图 4-2　"行高"对话框

（2）设置其他行的行高

单击行号"2"选中第 2 行，按住【Shift】键不放，单击表格最后一行的行号可选中从第 2

行开始的所有表格。在选中的任意行的行号所在位置处右击，在弹出的快捷菜单中选择"行高"命令，弹出"行高"对话框，在"行高"文本框中输入 22，单击"确定"按钮，完成所有被选定的行高设置。

2．合并 A1:I1 单元格，并设置标题居中显示，字体为黑体，字号为 16

选中 A1:I1 单元格并右击，在弹出的快捷菜单中选择"设置单元格格式（F）…"命令，弹出"设置单元格格式"对话框，如图 4-3 所示，选择"对齐"选项卡，在"水平对齐"下拉列表框中选择"居中"，在"文本控制"中选择"合并单元格"复选框，单击"确定"按钮。

选中标题单元格，单击"开始"菜单，在"字体"组中，字体选择"黑体"，"字号"选择"16"。完成本小题设置。

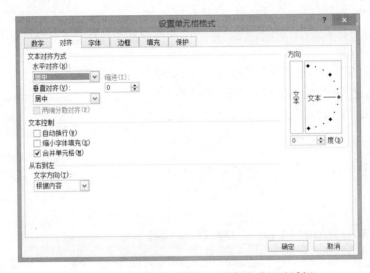

图 4-3　"设置单元格格式"（对齐选项）对话框

思考 1：如何选择连续的单元格？如何选择不连续的单元格？

思考 2：还有哪些方式可以打开"设置单元格格式"对话框？还有什么方法可以快速合并单元格？

3．将各字段名字体设置为黑体，字形为加粗，字号为 14

选中"字段名"所在单元格，单击"开始"选项卡，在"字体"组中选择"黑体"，"字形"选择"加粗"按钮 **B**，"字号"选择"14"，调整各列到合适的宽度，完成本小题操作。

提示：把鼠标放在列名称右边框线上，当鼠标指针变成左右箭头形状时，双击鼠标，列宽可以根据单元格内容自动调整。

4．设置表格的边框，外框设置为双实线，内框设置为虚线

选中表格（选中表格中的数据区域 A1:K10）并右击，在弹出的快捷菜单中选择"设置单元格格式（F）…"命令，弹出"设置单元格格式"对话框，选择"边框"选项卡，如图 4-4 所示，在"线条样式"选项组中选择"双实线"，在"预置"选项组单击"外边框"按钮（在下面的"边框"预览中可以预览刚才设置的内部边框），再在"线条样式"选项组中选择"虚线"，在"预置"选项组单击"内部"按钮（在下面的"边框"预览中可以预览刚才设置的外边框），单击"确定"按钮，完成本小题操作。

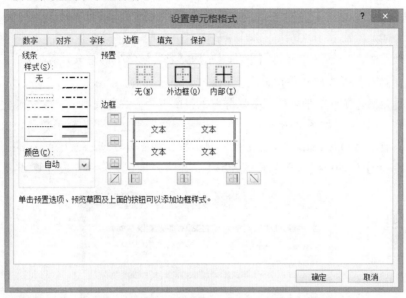

图 4-4　"设置单元格格式"（边框选项）对话框

5. 将表中的所有数字设置为居中对齐，保留两位小数

选中表中的数字区域即 E3:J10（注：不要选择排名字段），单击"开始"选项卡"对齐方式"组中的"居中"按钮。单击"数字"组中右下角的 ■ 按钮，弹出"设置单元格格式"对话框，如图 4-5 所示，在"分类"选项组中选择"数值"选项，在"小数位数"文本框中输入"2"，单击"确定"按钮，完成本小题操作。

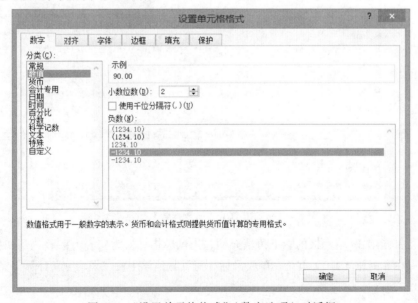

图 4-5　"设置单元格格式"（数字选项）对话框

6．利用公式计算"总分"

计算机导论占 30%、逻辑学占 30%、形势政策占 20%、计算机专业英语占 20%。把输入法切换到"英文"状态，选中 I3 单元格，输入计算公式"=E3*30%+F3*30%+G3*20%+H3*20%"，按【Enter】键确认。

选中 I3 单元格，双击 I3 单元格右下角填充柄完成其他学生的总分计算。

7．利用函数计算学生的"平均分"

选中 J3 单元格（第一个学生的"平均分"），单击"公式"选项卡"插入函数"按钮，弹出"插入函数"对话框，如图 4-6 所示，在"选择函数"下选择平均值函数 AVERAGE，单击"确定"按钮，打开 AVERAGE "函数参数"对话框，如图 4-7 所示，在 Number1 中选择或输入 E3:H3（第一个学生的成绩所在单元格区域），单击"确定"按钮完成计算。

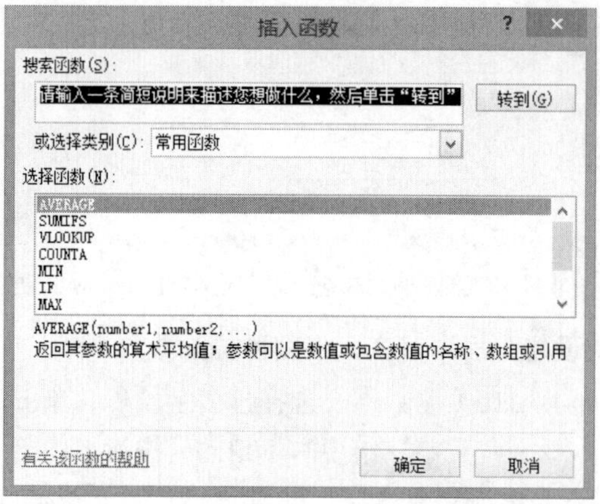

图 4-6　"插入函数"对话框

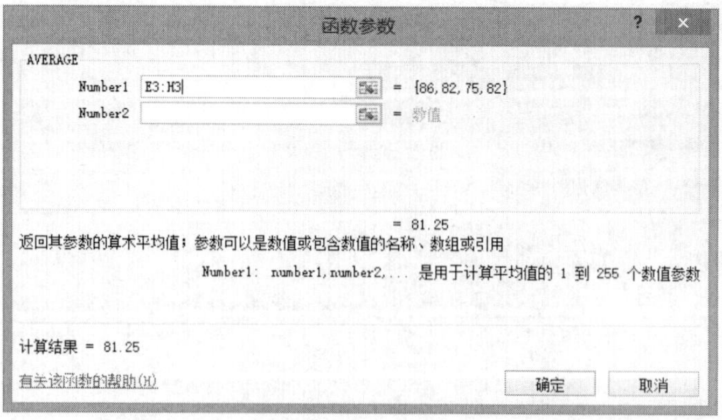

图 4-7　AVERAGE "函数参数"对话框

用鼠标指针指向 J3 单元格的右下角填充柄，当鼠标指针变为实心十字形"+"时，单击并拖拽至最后一个单元格（J10）填充，释放鼠标，完成其他学生的"平均分"计算。完成本小题操作。

8．利用函数"按总分排名"

单击 K3 单元格（第一个学生的"排名"），单击"公式"选项卡"插入函数"按钮，弹出"插入函数"对话框，如图 4-6 所示，在"或选择类别"下拉列表框中选择"全部"选项，如图 4-8 所示，在"选择函数"下选择排名函数 RANK.EQ，单击"确定"按钮，弹出 RANK.EQ"函数参数"对话框，如图 4-9 所示，在 Number 文本框中选择第一个学生的"总分"所在单元格即 I3，在 Ref 范围中选择所有学生"总分"所在单元格区域即 I3:I10，由于每个学生的成绩都在这个固定的区域进行比较，因此 Ref 范围需使用绝对地址表示，即 $I$3:$I$10，单击"确定"按钮，完成第一个学生的排名，通过填充完成其他学生的排名计算。

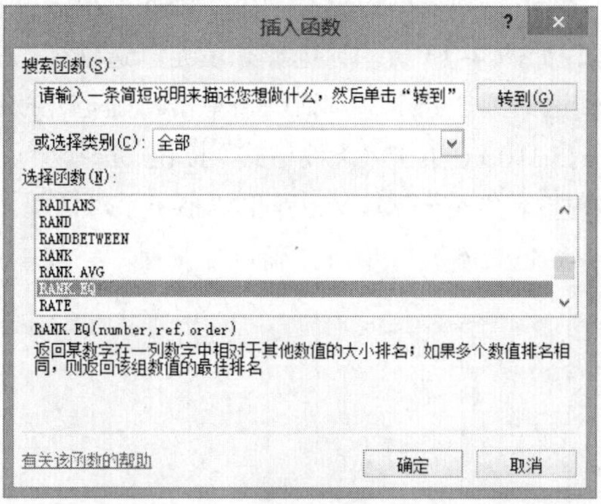

图 4-8 "插入函数"（全部）对话框

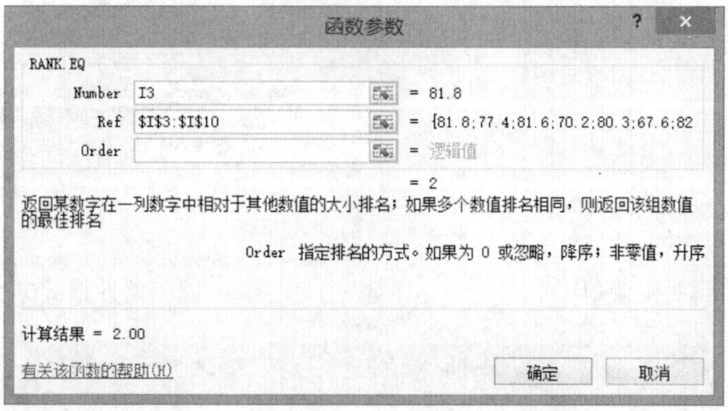

图 4-9 RANK.EQ "函数参数"对话框

表格设置样式及计算结果如图 4-10 所示。完成本小题操作。

	A	B	C	D	E	F	G	H	I	J	K
1	学生成绩表										
2	学号	姓名	学院	班级	计算机导论	逻辑学	形势政策	计算机专业英语	总分	平均分	按总分排名
3	01001	李小明	信息工程学院	A1801	86.00	82.00	75.00	82.00	81.80	81.25	2
4	01002	王国强	电子工程学院	A1802	79.00	73.00	84.00	75.00	77.40	77.75	6
5	01003	赵可欣	信息工程学院	A1801	84.00	80.00	76.00	86.00	81.60	81.50	3
6	01004	刘祥	网络工程学院	A1803	65.00	71.00	70.00	77.00	70.20	70.75	7
7	01005	张明健	大数据学院	A1804	91.00	68.00	81.00	82.00	80.30	80.50	4
8	01006	李可可	网络工程学院	A1803	67.00	71.00	68.00	63.00	67.60	67.25	8
9	01007	吕洪刚	大数据学院	A1804	83.00	91.00	73.00	79.00	82.60	81.50	1
10	01008	王睿	电子工程学院	A1802	76.00	80.00	72.00	81.00	77.70	77.50	5

图 4-10 表格设置样式及计算结果

9. 利用条件格式，将平均分介于 80～100 之间的数据设置为绿色底纹，小于 70 分的数值设置为红色字体

选中平均分区域（J3:J10），单击"开始"选项卡"样式"组中的"条件格式"按钮，下拉菜单如图 4-11 所示，选择"突出显示单元格规则（H）"命令（鼠标悬浮在"突出显示单元格规则（H）"），在弹出的子菜单中，选择"介于"命令，弹出"介于"对话框，如图 4-12 所示，在"为介于以下值之间的单元格设置格式"中分别输入"80""100"，在"设置为"下拉列表框中选择填充颜色，在下拉列表框中没有绿色，因此，单击"自定义格式"按钮，弹出"设置单元格格式"对话框，如图 4-13 所示，选择"填充"选项卡，在"背景色"下选择"绿色"，单击"确定"按钮，返回到"介于"对话框，单击"确定"按钮。

保持选中平均分区域（J3:J10），单击"条件格式"按钮，选择"突出显示单元格规则（H）"命令，在弹出的子菜单中，选择"小于"命令，弹出"小于"对话框，如图 4-14 所示，在"设置为"下拉列表框中选择"红色文本"，单击"确定"按钮，完成本小题操作。

图 4-11　"条件格式"下拉菜单

图 4-12　条件格式"介于"对话框

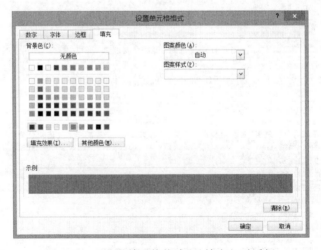

图 4-13　"设置单元格格式"（填充）对话框

图 4-14 条件格式"小于"对话框

提示：如在"设置为"下拉列表框中没有我们需要的文本颜色，则单击"自定义格式"按钮，弹出"设置单元格格式"对话框，如图 4-15 所示，选择"字体"选项卡，在"颜色"中选择所需要的颜色，单击"确定"按钮，返回到"介于"对话框。

图 4-15 "设置单元格格式"（字体）对话框

10. 制作包括"姓名""平均分"字段的"带数据标记的雷达图"

选择"姓名""平均分"所在列数据，单击"插入"选项卡"图表"组中的"其他图表"按钮，在下拉列表菜单中选择"带数据标记的雷达图"选项，如图 4-16（a）所示（注：鼠标放在图形上，会提示当前选定的图形样式名称），插入雷达图，如图 4-16（b）所示，完成本小题操作。

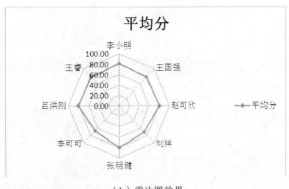

（a）"其他图表"下拉菜单　　　　　　　　　　（b）雷达图效果

图 4-16 制作雷达图

11. 打开 sheet2，筛选出所有平均分大于 80 分的学生信息

单击表标签 sheet2，使 sheet2 为活动表，光标定位在数据中，单击"数据"选项卡"排序和筛选"组中的"筛选"按钮，单击"平均分"字段旁边的下拉按钮，如图 4-17 所示，在下拉菜单中选择"数字筛选"命令，如图 4-18 所示，在子菜单中选择"大于"命令，弹出"自定义自动筛选方式"对话框，如图 4-19 所示，在"大于"文本框中输入 80，单击"确定"按钮，筛选结果如图 4-20 所示，完成本小题操作。

	A	B	C	D	E	F	G	H	I	J	K
1						学生成绩表					
2	学号	姓名	学院	班级	计算机	逻辑学	形势政策	计算机专业	总分	平均分	按总分排名
3	01001	李小明	信息工程学	A1801	86.00	82.00	75.00	82.00	81.80	81.25	2
4	01002	王国强	电子工程学	A1802	79.00	73.00	84.00	75.00	77.40	77.75	6
5	01003	赵可欣	信息工程学	A1801	84.00	80.00	76.00	86.00	81.60	81.50	3
6	01004	刘祥	网络工程学	A1803	65.00	71.00	70.00	77.00	70.20	70.75	7
7	01005	张明健	大数据学院	A1804	91.00	68.00	81.00	82.00	80.30	80.50	4
8	01006	李可可	网络工程学	A1803	67.00	71.00	68.00	63.00	67.60	67.25	8
9	01007	吕洪刚	大数据学院	A1804	83.00	91.00	73.00	79.00	82.60	81.50	1
10	01008	王睿	电子工程学	A1802	76.00	81.00	72.00	81.00	77.70	77.50	5

图 4-17　数据筛选

图 4-18　设置筛选条件

图 4-19　"自定义自动筛选方式"对话框

	A	B	C	D	E	F	G	H	I	J	K
1	学生成绩表										
2	学号	姓名	学院	班级	计算机	逻辑学	形势政策	计算机专业	总分	平均分	按总分排名
3	01001	李小明	信息工程学院	A1801	86.00	82.00	75.00	82.00	81.80	81.25	2
5	01003	赵可欣	信息工程学院	A1801	84.00	80.00	76.00	86.00	81.60	81.50	3
7	01005	张明健	大数据学院	A1804	91.00	68.00	81.00	82.00	80.30	80.50	4
9	01007	吕洪刚	大数据学院	A1804	83.00	91.00	73.00	79.00	82.60	81.50	1

图 4-20　筛选结果

12. 保护 sheet1 工作表，设置密码为 "123"

单击 sheet1 工作表标签，使 sheet1 为活动表。单击 "审阅" 选项卡 "更改" 组中的 "保护工作表" 按钮，弹出 "保护工作表" 对话框，如图 4-21 所示，在 "取消工作表保护时使用的密码" 文本框中输入密码 "123"，单击 "确定" 按钮，弹出 "确认密码" 对话框，如图 4-22 所示，在 "重新输入密码" 文本框中输入确认密码 "123"，单击 "确定" 按钮，完成本小题操作。

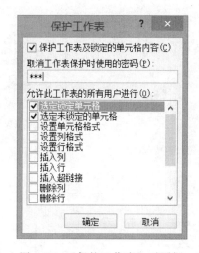

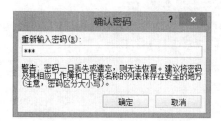

图 4-21　"保护工作表" 对话框　　　　　　图 4-22　"确认密码" 对话框

提示： 当设置了对工作表保护后，不允许对表格进行编辑，当对表格进行编辑时，会弹出如图 4-23 所示的提示框。

图 4-23　受保护工作表编辑时的提示框

13. 保存编辑好的 "Excel-1.xlsx" 文档，退出 Excel 程序

单击 "文件" 选项卡→ "保存" 命令，完成文件保存。

单击 "文件" 选项卡→ "退出" 命令，退出 Excel 程序，完成本题操作。

任务二　Excel 2010 图表应用

任务描述

本任务要求读者掌握 Excel 2010 图表的基本操作，掌握图表工具的使用。本任务需完成的操作如下：

打开素材"Excel–2.xlsx"文档，按下面要求完成各项操作。

① 用"姓名""计算机导论"两列的数据插入一个"三维饼图"；

② 把"计算机导论"成绩数据显示在饼图上；

③ 把图表标题修改为"计算机导论成绩图"；

④ 把"图例"显示在图表的左侧；

⑤ 给"图表区"填充"鱼类化石"纹理；

⑥ 单独给"橙色"图表区域填充"水滴"纹理；

⑦ 将图表移动到新工作表中，新工作表命名为"计算机导论成绩图表"；

⑧ 保存编辑好的"Excel–2.xlsx"文档，退出 Excel 程序。

提示：最终排版样式请参考"Excel-2 样张.xlsx"。

任务实施

双击打开"Excel–2.xlsx"文档，文档内容如图 4-24 所示。

	学生成绩表							
学号	姓名	学院	班级	计算机导论	逻辑学	形势政策	计算机专业英语	总分
01001	李小明	信息工程学院	A1801	86.00	82.00	75.00	82.00	81.80
01002	王国强	电子工程学院	A1802	79.00	73.00	84.00	75.00	77.40
01003	赵可欣	信息工程学院	A1801	84.00	80.00	76.00	86.00	81.60
01004	刘祥	网络工程学院	A1803	65.00	71.00	70.00	77.00	70.20
01005	张明健	大数据学院	A1804	91.00	68.00	81.00	82.00	80.30
01006	李可可	网络工程学院	A1803	60.00	71.00	68.00	63.00	67.60
01007	吕洪刚	大数据学院	A1804	83.00	91.00	73.00	79.00	82.60
01008	王睿	电子工程学院	A1802	76.00	81.00	72.00	81.00	77.70

图 4-24　Excel–2.xlsx 文档内容

1. 用"姓名""计算机导论"两列的数据插入一个"三维饼图"

选择"姓名""计算机导论"所在列数据，单击"插入"选项卡"图表"组中的"饼图"按钮：弹出"饼图"下拉菜单，如图 4-25 所示，在下拉菜单中选择"三维饼图"选项（注：鼠标放在图形上，会提示当前选定的图形样式名称），插入图表，如图 4-26 所示，完成本小题操作。

2. 把"计算机导论"成绩数据显示在饼图上

选中饼图，菜单上会显示"图表工具"选项卡（注：当未选中图表时，"图表工具"将隐藏），单击"布局"按钮，在"标签"组中，单击"数据标签"按钮，打开"数据标签"下拉菜单，如图 4-27 所示，选择"数据标签内"命令，效果如图 4-28 所示，完成本小题操作。

图 4-25 "饼图"样式选择框

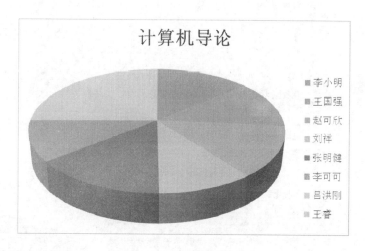

图 4-26 三维饼图效果

图 4-27 "数据标签"选择框

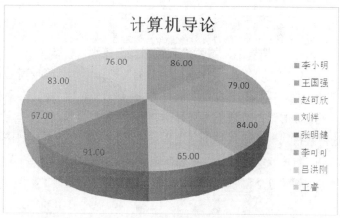

图 4-28 饼图（数据标签内）效果

3. 把图表标题修改为"计算机导论成绩图"

选中饼图上的图表标题"计算机导论"，再次单击，进入文本框编辑状态，将图表标题修改成"计算机导论成绩图"，在文档空白处单击确认即可，完成本小题操作。

4. 把"图例"显示在图表的左侧

选中饼图，单击"图表工具/布局"按钮，在"标签"组中，单击"图例"按钮，打开"图例"下拉菜单，如图 4-29 所示，选择"在左侧显示图例"命令，效果如图 4-30 所示，完成本小题操作。

图 4-29 "图例"选择框

图 4-30 饼图（在左侧显示图例）效果

5. 给"图表区"填充"鱼类化石"纹理

选中饼图，单击"图表工具/布局"按钮，在"当前所选内容"组中，如图 4-31（a）所示，单击"内容选择"下拉列表框，如图 4-31（b）所示，在下拉列表框中选择"图表区"（注：当图表上的某些区域不好选择时，通过此方法可以快速选定图表内容），单击下方的"设置所选内容格式"按钮，弹出"设置图表区格式"对话框，如图 4-32 所示，单击"填充"按钮，选中"图片或纹理填充"单选按钮，单击"纹理"下拉列表框，在"纹理"中选择"鱼类化石"选项，如图 4-33 所示，完成本小题操作。

（a） 当前所选内容组

（b） 内容选择下拉框

图 4-31 给"图表区"填充纹理

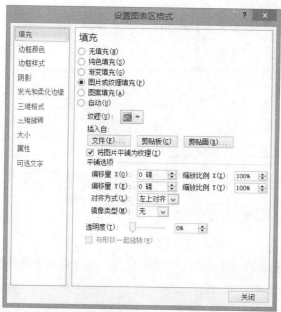

图 4-32 "设置图表区格式"对话框

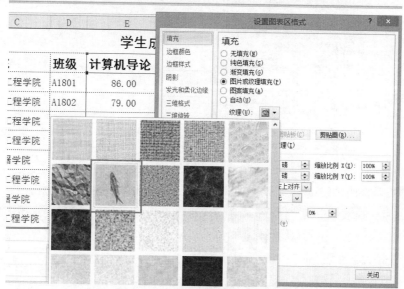

图 4-33 选择"鱼类化石"纹理

6.单独给"橙色"图表区域填充"水滴"纹理

选中饼图的"橙色"区域。选择方法：单击饼图区域，即选择内容为"系列计算机导论"，此时选择的是全部饼图区域，再一次单击"橙色"区域，这时就只选中了"橙色"区域，"当前所选内容"为"系列计算机导论点李可可"，单击"当前所选内容"组中的"设置所选内容格式"按钮，弹出"设置图表区格式"对话框，单击"填充"按钮，选中"图片或纹理填充"单选按钮，单击"纹理"下拉列表框，在"纹理"中选择"水滴"纹理，效果如图 4-34 所示，完成本小题操作。

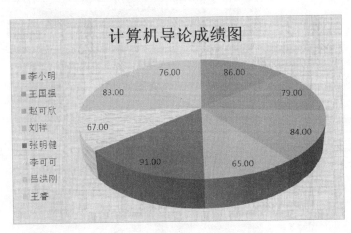

图 4-34　饼图（填充纹理）效果

7. 将图表移动到新工作表中，新工作表命名为"计算机导论成绩图表"

选中图表，单击"图表工具/设计"按钮，在"位置"组中单击"移动图表"按钮，弹出"移动图表"对话框，如图 4-35 所示，选择"新工作表"单选按钮，输入工作表的名称"计算机导论成绩图表"，单击"确定"按钮，完成本小题操作。

图 4-35　"移动图表"对话框

8. 保存编辑好的"Excel-2.xlsx"文档，退出 Excel 程序

单击"文件"选项卡中的"保存"命令，完成文件保存。单击"文件"选项卡中的"退出"命令，退出 Excel 程序，完成本题操作。

任务三　VLOOKUP 函数应用

任务描述

VLOOKUP 函数是 Excel 中的一个纵向查找函数，该函数的功能是按照列进行查找，最终返回该列所需查询列序所对应的值（与之对应的 HLOOKUP 是按行查找的）。在日常工作中被广泛应用，如核对数据，多个表格之间快速导入数据等。通过本函数的学习，达到让读者能举一反三，能快速有效地对其他函数进行学习与应用的目的。本任务需完成的操作如下：

打开素材"Excel-3.xlsx"文档，按下面要求完成操作。

① 通过"学号"，利用 VLOOKUP 查找函数，补全 Sheet1 表中学生的"姓名""学院"信息（注：学生的"姓名""学院"信息保存在 Sheet2 表中）；

② 保存编辑好的"Excel-3.xlsx"文档，退出 Excel 程序。

提示：最终排版样式请参考"Excel-3 样张.xlsx"。

任务实施

双击打开"Excel-3.xlsx"文档，文档内容如图 4-36 和图 4-37 所示。

	学生成绩表							
学号	姓名	学院	班级	计算机导论	逻辑学	形势政策	计算机专业英语	总分
01001			A1801	86.00	82.00	75.00	82.00	81.80
01002			A1802	79.00	73.00	84.00	75.00	77.40
01003			A1801	84.00	80.00	76.00	86.00	81.60
01004			A1803	65.00	71.00	70.00	77.00	70.20
01005			A1804	91.00	68.00	81.00	82.00	80.30
01006			A1803	67.00	71.00	68.00	63.00	67.60
01007			A1804	83.00	91.00	73.00	79.00	82.60
01008			A1802	76.00	81.00	72.00	81.00	77.70

图 4-36　Sheet1 工作表数据

	基本信息	
学号	姓名	学院
01001	李小明	信息工程学院
01002	王国强	电子工程学院
01003	赵可欣	信息工程学院
01004	刘祥	网络工程学院
01005	张明健	大数据学院
01006	李可可	网络工程学院
01007	吕洪刚	大数据学院
01008	王睿	电子工程学院

图 4-37　Sheet2 工作表数据

1. 查找导入学生姓名

将光标定位到第一个学生"姓名"所在单元格即 B3，单击"公式"选项卡"插入函数"按钮，弹出"插入函数"对话框，在"或选择类别"下拉列表框中选择"全部"选项，在"选择函数"下选择查找函数 VLOOKUP，单击"确定"按钮，弹出 VLOOKUP"函数参数"对话框。

在第一个参数 Lookup_value 文本框中输入第一个学生的"学号"所在单元格地址即 A3。

在第二个参数 Table_array 文本框中选择 Sheet2 表中数据所在区域即 Sheet2!A2:C10（注：

不选择标题行）。

在第三个参数 Col_index_num 文本框中输入 2（返回第 2 列数据）。

第四个参数 Range_lookup 可以省略，这里我们输入 FALSE。

设置好参数的 VLOOKUP 函数参数对话框如图 4-38 所示。

单击"确定"按钮，完成第一个学生的姓名导入，应用填充功能，完成其他学生的姓名导入。

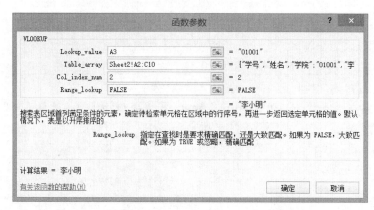

图 4-38　VLOOKUP 函数参数对话框

2．查找导入学生所在学院

按照上述查找导入学生姓名方法，请读者自行完成"学院"信息的查找导入。

3．保存编辑好的"Excel-3.xlsx"文档，退出 Excel 程序

单击"文件"选项卡"保存"命令，完成文件保存。单击"文件"选项卡"退出"命令，退出 Excel 程序。完成本题操作。

提示：VLOOKUP 语法规则

VLOOKUP(Lookup_value,Table_array,Col_index_num,Range_lookup)

其中参数的简单说明见下表。

参　数	简单说明	输入数据类型
Lookup_value	要查找的值	数值、引用或文本字符串
Table_array	要查找的区域	数据表区域
Col_index_num	返回数据在查找区域的第几列数	正整数
Range_lookup	模糊匹配/精确匹配	TRUE（或不填）/FALSE

参数说明：

1. Lookup_value:为需要在数据表第一列中进行查找的数值。Lookup_value 可以为数值、引用或文本字符串。当 VLOOKUP 函数第一参数省略查找值时，表示用 0 查找。

2. Table_array:为需要在其中查找数据的数据表。

3. Col_index_num:为 Table_array 中查找数据的数据列序号。Col_index_num 为 1 时，返回 table_array 第一列的数值，Col_index_num 为 2 时，返回 Table_array 第二列的数值，依此类推。

4. Range_lookup:为一逻辑值,指明函数 VLOOKUP 查找时是精确匹配,还是近似匹配。如果为 false 或 0,则返回精确匹配,如果找不到,则返回错误值 #N/A。如果 Range_lookup 为 true 或 1,函数 VLOOKUP 将查找近似匹配值。如果 Range_lookup 省略,则默认为近似匹配。

任务四　数据有效性应用

任务描述

一般情况下,我们在录入数据时并不能自动检查已输入的数据的正确性,数据有效性功能可以在尚未输入数据时,通过预先设置,对单元格或单元格区域输入的数据从内容到数量上作限制。对于符合条件的数据,允许输入,对于不符合条件的数据,则禁止输入,以保证输入数据的正确性。通过本任务的学习,需要读者掌握数据有效性的相关设置与应用。本任务需完成的操作如下:

打开素材"Excel-4.xlsx"文档,按下面要求完成操作。

① 利用"数据有效性"中的"序列"功能,设置"性别""民族""学院"和"班级"的选择项,只允许通过选择的方式填写"性别""民族""学院"和"班级"的信息;

② 设置"计算机""大学语文""数学""英语"四科成绩数据的有效性,取值范围为 0～100 之间的小数。当输入的数据超出有效性范围时,设置友好的错误提示信息;

③ 圈释表中的无效数据(圈释"补考"信息);

④ 保存编辑好的"Excel-4.xlsx"文档,退出 Excel 程序。

提示:最终排版样式请参考"Excel-4 样张.xlsx"。

任务实施

双击打开"Excel-4.xlsx"文档,文档内容如图 4-39 所示。

	A	B	C	D	E	F	G	H	I	J
1	学生成绩信息表									
2	学号	姓名	性别	民族	学院	班级	计算机	大学语文	数学	英语
3	2017051101	王刚								
4	2017051102	李小华								
5	2017051103	张浩天								补考
6	2017051104	李可								
7	2017051105	刘健								
8	2017051106	张明明						补考		
9	2017051107	赵成明								
10	2017051108	王明国								
11	2017051109	刘明							补考	
12	2017051110	罗华								

图 4-39　Excel-4.xlsx 文档内容

1. 利用"数据有效性"中的"序列"功能，设置"性别""民族""学院"和"班级"的选择项，只允许通过选择的方式填写"性别""民族""学院"和"班级"的信息

由于"性别""民族""学院"和"班级"的选择项较多，可以用一张空表来建立辅助区，在空表中输入"性别""民族""学院"和"班级"信息，如图 4-40 所示。

	A	B	C	D
1	**性别**	**民族**	**班级**	**学院**
2	男	汉族	A1701	软件学院
3	女	壮族	A1702	网络学院
4		满族	A1703	电子学院
5		回族	A1704	社会学院
6		苗族	A1705	工商学院
7		维吾尔族	A1706	财经学院
8		土家族	A1707	人文学院
9		彝族	A1708	工程学院
10		蒙古族	A1709	旅游学院
11		藏族	A1710	体育学院
12		布依族		
13		侗族		

图 4-40 辅助信息表

在 Sheet1 工作表中，选中"性别"字段的数据区域，即 C3:C12，单击"数据"选项卡"数据工具"组中的"数据有效性"按钮，在下拉菜单中选择"数据有效性"命令，弹出"数据有效性"对话框，如图 4-41 所示，在"设置"选项卡"允许"下拉列表框中选择"序列"，"来源"选择辅助信息表中的性别字段的值（注：只选男、女值，不要选择字段名），其他选项保持默认，单击"确定"按钮，完成"性别"下拉框选择设置，效果如图 4-42 所示。

"民族""学院""班级"三个字段的下拉框与"性别"设置相同，请读者自行完成设置，这里不再赘述，效果如图 4-43 所示。

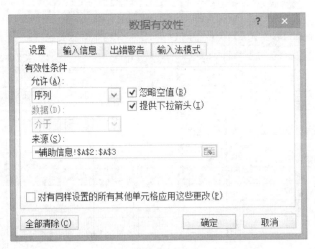

图 4-41 "数据有效性"（序列）对话框

	A	B	C	D	E	F	G	H	I	J
1					学生成绩信息表					
2	学号	姓名	性别	民族	学院	班级	计算机	大学语文	数学	英语
3	2017051101	王刚	男							
4	2017051102	李小华	女							
5	2017051103	张浩天								补考
6	2017051104	李可	男女							
7	2017051105	刘健								
8	2017051106	张明明						补考		
9	2017051107	赵成明								
10	2017051108	王明国								
11	2017051109	刘明							补考	
12	2017051110	罗华								

图 4-42　性别下拉框效果

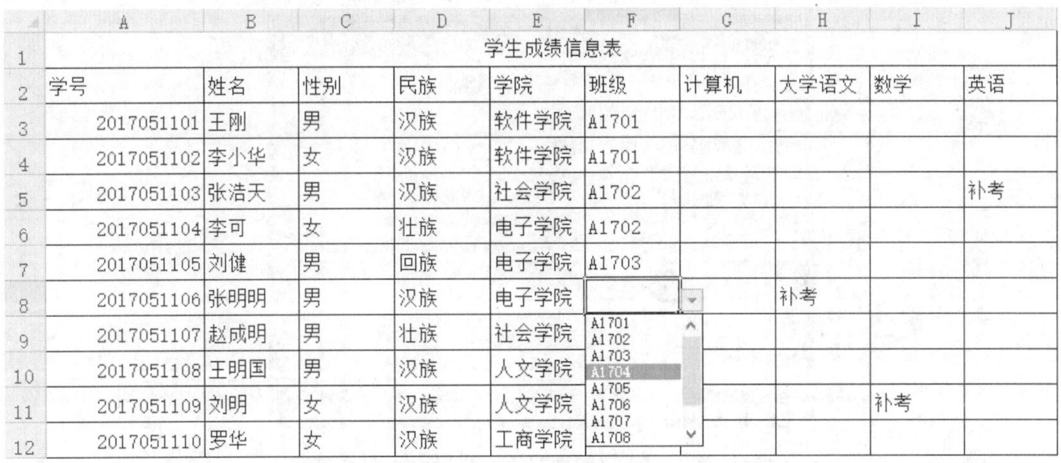

	A	B	C	D	E	F	G	H	I	J
1					学生成绩信息表					
2	学号	姓名	性别	民族	学院	班级	计算机	大学语文	数学	英语
3	2017051101	王刚	男	汉族	软件学院	A1701				
4	2017051102	李小华	女	汉族	软件学院	A1701				
5	2017051103	张浩天	男	汉族	社会学院	A1702				补考
6	2017051104	李可	女	壮族	电子学院	A1702				
7	2017051105	刘健	男	回族	电子学院	A1703				
8	2017051106	张明明	男	汉族	电子学院			补考		
9	2017051107	赵成明	男	壮族	社会学院	A1701				
10	2017051108	王明国	男	汉族	人文学院	A1702 A1703 A1704				
11	2017051109	刘明	女	汉族	人文学院	A1705 A1706			补考	
12	2017051110	罗华	女	汉族	工商学院	A1707 A1708				

图 4-43　下拉选择框录入效果

2. 设置"计算机""大学语文""数学""英语"四科成绩的数据有效性，取值范围为 0~100 之间的小数。当输入的数据超出有效性范围时，设置友好的错误提示信息

（1）设置数据有效性范围

选中"计算机""大学语文""数学""英语"四科成绩的数据区域，即 G3:J12，单击"数据"选项卡"数据工具"组中的"数据有效性"按钮，在下拉菜单中选择"数据有效性"命令，弹出"数据有效性"对话框，如图 4-44 所示，在"设置"选项卡"允许"下拉列表框中选择"小数"，"数据"下拉列表框中选择"介于"，"最小值"中输入 0，"最大值"中输入 100。

（2）设置有效性错误提示信息

在图 4-44 所示的"数据有效性"对话框中，单击"出错警告"选项卡，如图 4-45 所示，在"标题"文本框中输入"成绩输入错误提示"，在"错误信息"文本框中输入"请输入 0 到 100 的小数，可保留两位小数！"，单击"确定"按钮，完成数据有效性设置。

如果输入的数据超出所设定的数据范围，将打开出错警告对话框，如图 4-46 所示。单击

"重试"按钮，可重新输入数据，如果输入的数据在设定的数据范围内，数据将正常输入。

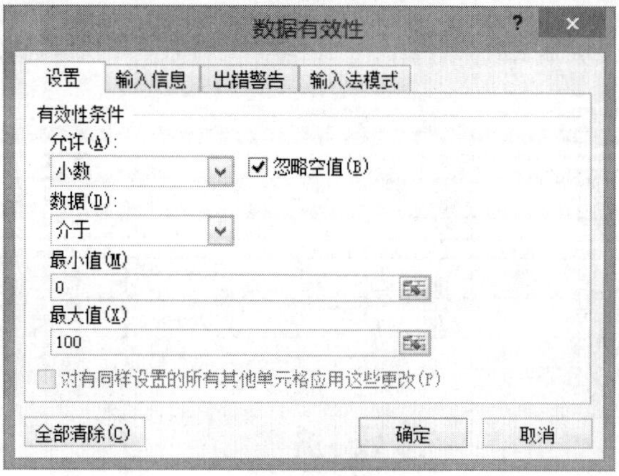

图 4-44　"数据有效性"（小数）对话框

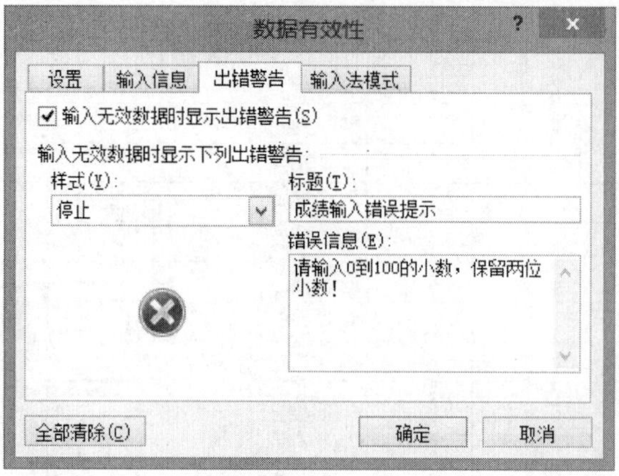

图 4-45　"数据有效性"（出错警告）对话框

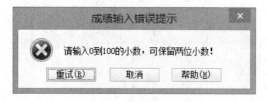

图 4-46　出错警告对话框

3．圈释表中的无效数据（圈释"补考"信息）

光标定位在数据区域的任意位置，单击"数据"选项卡"数据工具"组中的"数据有效性"按钮，在下拉菜单中选择"圈释无效数据"命令，效果如图 4-47 所示，完成本小题操作。

提示 1：要先输入"补考"文本，再设置数据有效性，不然"补考"文本将无法输入。

提示 2：当保存文档时，圈释无效数据效果将被清除。

	A	B	C	D	E	F	G	H	I	J
1	学生成绩信息表									
2	学号	姓名	性别	民族	学院	班级	计算机	大学语文	数学	英语
3	2017051101	王刚	男	汉族	软件学院	A1701	89	69	85	62
4	2017051102	李小华	女	汉族	软件学院	A1701	82	56	73	56
5	2017051103	张浩天	男	汉族	社会学院	A1702	74	73	69 补考	
6	2017051104	李可	女	壮族	电子学院	A1702	58	86	76	76
7	2017051105	刘健	男	回族	电子学院	A1703	64	81	83	67
8	2017051106	张明明	男	汉族	电子学院	A1704	96 补考		73	81
9	2017051107	赵成明	男	壮族	社会学院	A1704	65	78	71	67
10	2017051108	王明国	男	汉族	人文学院	A1705	95	77	80	67
11	2017051109	刘明	女	汉族	人文学院	A1705	87	65 补考		77
12	2017051110	罗华	女	汉族	工商学院	A1706	76	70	68	80

图 4-47 圈释无效数据效果

4. 保存编辑好的"Excel-4.xlsx"文档，退出 Excel 程序

单击"文件"选项卡"保存"命令，完成文件保存。单击"文件"选项卡"退出"命令，退出 Excel 程序。完成本题操作。

任务五 Excel 2010 数据筛选高级应用

任务描述

Microsoft Excel 提供了两种筛选区域的命令。一是自动筛选，适用于简单条件；二是高级筛选，适用于复杂条件。本任务通过具体实例让读者能快速理解并掌握复杂条件下用数据筛选的相关操作。本任务需完成的操作如下：

打开素材"Excel-5.xlsx"文档，按下面要求完成操作。

① 在 Sheet1 工作表表格中，筛选出"计算机"成绩大于 80 分，"大学语文"成绩大于 70 分的学生信息；

② 在 Sheet2 工作表表格中，筛选出"软件学院"和"工程学院"的学生信息，且"计算机"成绩大于 80 分；

③ 在 Sheet3 工作表表格中，筛选出"网络学院"且"计算机"成绩大于 70 分或"大学语文"成绩大于 80 分的其他学院的学生信息；

④ 保存编辑好的"Excel-5.xlsx"文档，退出 Excel 程序。

提示：最终排版样式请参考"Excel-5 样张.xlsx"。

任务实施

双击打开"Excel-5.xlsx"文档，文档内容如图 4-48 所示。

	A	B	C	D	E	F	G	H
1	学生成绩信息表							
2	学号	姓名	学院	班级	计算机	大学语文	数学	英语
3	2017051101	王刚	网络学院	A1701	90	71	74	80
4	2017051102	李小华	软件学院	A1702	86.5	82	89	70
5	2017051103	张浩天	软件学院	A1702	76	69	58	73.5
6	2017051104	李可	网络学院	A1701	52	71	92	68
7	2017051105	刘健	工程学院	A1701	93	68	68	83
8	2017051106	张明明	网络学院	A1701	67	52	51.5	62
9	2017051107	赵成明	软件学院	A1702	82.5	91	78	67
10	2017051108	王明国	软件学院	A1702	78.5	83.5	64	76.5
11	2017051109	刘明	网络学院	A1701	57	72.5	76	79
12	2017051110	罗华	软件学院	A1702	85	77	71	65

图 4-48　Excel-5.xlsx 文档内容

1. 在 Sheet1 工作表表格中，筛选出"计算机"成绩大于 80 分，"大学语文"成绩大于 70 分的学生信息

在 Sheet1 工作表中，光标定位在数据区域任意位置，单击"数据"选项卡"排序和筛选"组中的"筛选"按钮，即可完成自动筛选操作。

单击"计算机"字段旁边的下三角按钮，如图 4-49 所示，选择"数字筛选"命令，在子菜单中选择"大于"命令，弹出"自定义自动筛选方式"对话框，如图 4-50 所示，在"条件"下拉框中选择"大于"，后面输入"80"，单击"确定"按钮。

单击"大学语文"字段旁边的下三角按钮，选择"数字筛选"命令，在子菜单中选择"大于"命令，弹出"自定义自动筛选方式"对话框，在"条件"下拉框中选择"大于"，后面输入"70"，单击"确定"按钮。

筛选结果如图 4-51 所示，完成本小题操作。

图 4-49　筛选条件设置

自定义自动筛选方式

显示行：
计算机

| 大于 | 80 |

● 与(A)　○ 或(O)

可用 ? 代表单个字符
用 * 代表任意多个字符

确定　　取消

图 4-50　"自定义自动筛选方式"对话框

	A	B	C	D	E	F	G	H
1	学生成绩信息表							
2	学号	姓名	学院	班级	计算机	大学语文	数学	英语
3	2017051101	王刚	网络学院	A1701	90	71	74	80
4	2017051102	李小华	软件学院	A1702	86.5	82	89	70
9	2017051107	赵成明	软件学院	A1702	82.5	91	78	67
12	2017051110	罗华	软件学院	A1702	85	77	71	65

图 4-51　筛选结果

2．在 Sheet2 工作表表格中，筛选出"软件学院"和"工程学院"的学生信息，且"计算机"成绩大于 80 分

单击 Sheet2 工作表标签，在 Sheet2 工作表的空白区域制作条件区，如图 4-52 所示，将光标定位在表的数据区域任意位置，单击"数据"选项卡"排序和筛选"组中的"高级"按钮，弹出"高级筛选"对话框，如图 4-53 所示，"列表区域"会自动选择表的数据区域，在"条件区域"中选择条件所在的单元格区域，其他选项保持默认，单击"确定"按钮，筛选效果如图 4-54 所示，完成本小题操作。

学院	计算机
软件学院	>=80
工程学院	

图 4-52　条件区域设置

高级筛选

方式
● 在原有区域显示筛选结果(F)
○ 将筛选结果复制到其他位置(O)

列表区域(L)：$A$2:$H$12
条件区域(C)：.2!$B$14:$C$16
复制到(T)：

□ 选择不重复的记录(R)

确定　　取消

图 4-53　"高级筛选"对话框

	A	B	C	D	E	F	G	H
1	学生成绩信息表							
2	学号	姓名	学院	班级	计算机	大学语文	数学	英语
4	2017051102	李小华	软件学院	A1702	86.5	82	89	70
7	2017051105	刘健	工程学院	A1701	93	68	68	83
9	2017051107	赵成明	软件学院	A1702	82.5	91	78	67
12	2017051110	罗华	软件学院	A1702	85	77	71	65
13								
14		学院	计算机					
15		软件学院	>=80					
16		工程学院						

图 4-54　筛选结果

条件区域设置说明：

1. 单列上具有多个条件：可以在列中从上到下依次键入各个条件；

2. 多列上的单个条件（同时满足）：在条件区域的同一行中输入所有条件；

3. 多列上的单个条件（满足其中之一）：在条件区域的不同行中输入所有条件。

光标定位在数据区域任意位置，单击"数据"选项卡"排序和筛选"组中的"筛选"按钮，即可完成自动筛选操作。

3. 在 Sheet3 工作表表格中，筛选出"网络学院"且"计算机"成绩大于 70 分或"大学语文"成绩大于 80 分的其他学院的学生信息

单击 Sheet3 工作表标签，在 Sheet3 工作表的空白区域制作条件区，如图 4-55 所示，将光标定位在表的数据区域任意位置，单击"数据"选项卡"排序和筛选"组中的"高级"按钮，弹出"高级筛选"对话框，"列表区域"会自动选择表的数据区域，在"条件区域"中选择条件所在的单元格区域，其他选项保持默认，单击"确定"按钮，筛选效果如图 4-56 所示，完成本小题操作。

学院	计算机	大学语文
网络学院	>70	
		>80

图 4-55　条件区域设置

	B	C	D	E	F	G	H
	学生成绩信息表						
	姓名	学院	班级	计算机	大学语文	数学	英语
	王刚	网络学院	A1701	90	71	74	80
	李小华	软件学院	A1702	86.5	82	89	70
	赵成明	软件学院	A1702	82.5	91	78	67
	王明国	软件学院	A1702	78.5	83.5	64	76.5
	学院	计算机	大学语文				
	网络学院	>70					
			>80				

图 4-56　筛选结果

4. 保存编辑好的"Excel-5.xlsx"文档，退出 Excel 程序

单击"文件"选项卡"保存"命令，完成文件保存。单击"文件"菜单选项卡，单击"退出"命令，退出 Excel 程序。完成本题操作。

任务六　Excel 2010 数据分类汇总

任务描述

分类汇总在 Excel 中是使用率较高、用来分类汇总数据的基本功能。通过本任务的学习，要求读者掌握 Excel 2010 数据分类汇总的基本操作。本任务需完成的操作如下：

打开素材"Excel-6.xlsx"文档，按下面要求完成操作。

① 按"学院"为分类字段，以"计算机专业英语"为汇总项，进行求平均值的分类汇总；

② 保存编辑好的"Excel-6.xlsx"文档，退出 Excel 程序。

提示：最终排版样式请参考"Excel-6.xlsx"。

任务实施

双击打开"Excel-6.xlsx"文档，文档内容如图 4-57 所示。

	A	B	C	D	E	F	G	H	I
1	学生成绩表								
2	学号	姓名	学院	班级	计算机导论	逻辑学	形势政策	计算机专业英语	总分
3	01001	李小明	信息工程学院	A1801	86.00	82.00	75.00	82.00	81.80
4	01002	王国强	电子工程学院	A1802	79.00	73.00	84.00	75.00	77.40
5	01003	赵可欣	信息工程学院	A1801	84.00	80.00	76.00	86.00	81.60
6	01004	刘祥	网络工程学院	A1803	65.00	71.00	70.00	77.00	70.20
7	01005	张明健	大数据学院	A1804	91.00	68.00	81.00	82.00	80.30
8	01006	李可可	网络工程学院	A1803	67.00	71.00	68.00	63.00	67.60
9	01007	吕洪刚	大数据学院	A1804	83.00	91.00	73.00	79.00	82.60
10	01008	王睿	电子工程学院	A1802	76.00	81.00	72.00	81.00	77.70

图 4-57 Excel-6.xlsx 文档内容

1. 按"学院"为分类字段，以"计算机专业英语"为汇总项，进行求平均值的分类汇总

（1）按"学院"进行排序

光标定位在表格数据区域任意位置，单击"数据"选项卡"排序和筛选"组中的"排序"按钮，弹出"排序"对话框，如图 4-58 所示，在"主要关键字"下拉列表框中选择"学院"，其他选项保持默认，单击"确定"按钮，完成排序操作。

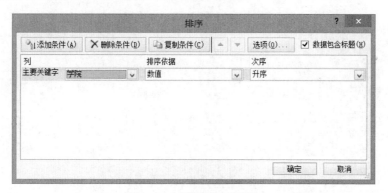

图 4-58 "排序"对话框

（2）分类汇总

光标定位在表格数据区域任意位置，单击"数据"选项卡"分级显示"组中的"分类汇总"按钮，弹出"分类汇总"对话框，如图 4-59 所示，在"分类字段"下拉列表框中选择"学院"，"汇总方式"下拉列表框选择"平均值"，"选定汇总项"选择"计算机"，其他设置保持默认，单击"确定"按钮，完成分类汇总的学生成绩信息表如图 4-60 所示，完成本小题操作。

图 4-59 "分类汇总"对话框

1 2 3		A	B	C	D	E	F	G	H	I
	1	学生成绩表								
	2	学号	姓名	学院	班级	计算机导论	逻辑学	形势政策	计算机专业英语	总分
	3	01005	张明健	大数据学院	A1804	91.00	68.00	81.00	82.00	80.30
	4	01007	吕洪刚	大数据学院	A1804	83.00	91.00	73.00	79.00	82.60
	5			大数据学院 平均值					80.50	
	6	01002	王国强	电子工程学院	A1802	79.00	73.00	84.00	75.00	77.40
	7	01008	王睿	电子工程学院	A1802	76.00	81.00	72.00	81.00	77.70
	8			电子工程学院 平均值					78.00	
	9	01004	刘祥	网络工程学院	A1803	65.00	71.00	70.00	77.00	70.20
	10	01006	李可可	网络工程学院	A1803	67.00	71.00	68.00	63.00	67.60
	11			网络工程学院 平均值					70.00	
	12	01001	李小明	信息工程学院	A1801	86.00	82.00	75.00	82.00	81.80
	13	01003	赵可欣	信息工程学院	A1801	84.00	80.00	76.00	86.00	81.60
	14			信息工程学院 平均值					84.00	
	15			总计平均值					78.13	

图 4-60 完成分类汇总的学生成绩信息表

2. 保存编辑好的"Excel-6.xlsx"文档，退出 Excel 程序

单击"文件"选项卡"保存"命令，完成文件保存。单击"文件"选项卡"退出"命令，退出 Excel 程序。完成本题操作。

任务七 Excel 2010 数据合并计算

任务描述

Excel 合并计算功能可以将单元格区域中的数据按照项目的匹配，对同类数据进行汇总。数据汇总的方式包括求和、计数、平均值、最大值、最小值等。通过本任务的学习，要求读者掌握 Excel 2010 数据合并计算的基本操作。本任务需完成的操作如下：

打开素材"Excel-7.xlsx"文档，按下面要求完成操作。

① 将 Sheet1 表中的"学生成绩信息"和 Sheet2 表中的"学生成绩信息"，合并到 Sheet3 工作表中；

② 应用 VLOOKUP 函数，完善 Sheet3 工作表中的"姓名""学院""班级"等信息；

③ 保存编辑好的"Excel-7.xlsx"文档，退出 Excel 程序。

提示：最终排版样式请参考"Excel-7 样张.xlsx"。

任务实施

双击打开"Excel-7.xlsx"文档，Sheet1、Sheet2 文档内容分别如图 4-61（a）和图 4-61（b）所示。

	A	B	C	D	E	F	G	H
1				学生成绩信息表				
2	学号	姓名	学院	班级	计算机	大学语文	数学	英语
3	2017051101	王刚	网络学院	A1701	90	71	74	80
4	2017051102	李小华	软件学院	A1702	86.5	82	89	70
5	2017051103	张浩天	软件学院	A1702	76	69	58	73.5
6	2017051104	李可	网络学院	A1701	52	71	92	68
7	2017051105	刘健	网络学院	A1701	93	68	68	83
8	2017051106	张明明	网络学院	A1701	67	52	51.5	62
9	2017051107	赵成明	软件学院	A1702	82.5	91	78	67
10	2017051108	王明国	软件学院	A1702	78.5	83.5	64	76.5
11	2017051109	刘明	网络学院	A1701	57	72.5	76	79
12	2017051110	罗华	软件学院	A1702	85	77	71	65

（a）　Excel-7.xlsx 文档 Sheet1 内容

	A	B	C	D	E	F	G	H
1				学生成绩信息表				
2	学号	姓名	学院	班级	计算机	大学语文	数学	英语
3	2017051111	罗浩	网络学院	A1702	76	78	85	78
4	2017051112	朱光明	软件学院	A1702	89.5	72	79	84
5	2017051113	谭明明	软件学院	A1701	76	91	64	75.5
6	2017051114	刘满福	网络学院	A1702	71	65	63	73
7	2017051115	张贵明	网络学院	A1701	63	70	58	75
8	2017051116	李莉	网络学院	A1702	67	63	57	62

（b）　Excel-7.xlsx 文档 Sheet2 内容

图 4-61　Excel-7.xlsx 文档内容

1. 将 Sheet1 表中的"学生成绩信息"和 Sheet2 表中的"学生成绩信息"，合并到 Sheet3 工作表中

（1）制作 Sheet3 工作表的标题

在 Sheet3 工作表中，合并 A1：H1 单元格，并输入"学生成绩信息表"文本。

（2）合并计算

在 Sheet3 工作表中，选中 A2 单元格，单击"数据"选项卡"数据工具"组中的"合并计算"按钮，弹出"合并计算"对话框。

将光标定位到"引用位置"中，单击 Sheet1 表标签，并选中数据区域 A2:H12，单击"添加"按钮。

再将光标定位到"引用位置"中，单击 Sheet2 表标签，并选中数据区域 A2:H8，单击"添加"按钮。

在"合并计算"对话框中选择"首行"和"最左列"复选框，其他选项保持默认，设置好的"合并计算"对话框如图 4-62 所示。

单击"确定"按钮，完成合并计算。合并效果如图 4-63 所示。

从图 4-63 合并计算结果看，Sheet1 和 Sheet2 中的学生信息均被合并到了 Sheet3 表中，但只能合并数值字段，字符字段不能合并。

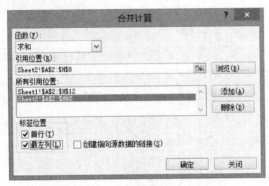

图 4-62 "合并计算"对话框

	A	B	C	D	E	F	G	H
1				学生成绩信息表				
2		姓名	学院	班级	计算机	大学语文	数学	英语
3	2017051101				90	71	74	80
4	2017051102				86.5	82	89	70
5	2017051103				76	69	58	73.5
6	2017051104				52	71	92	68
7	2017051105				93	68	68	83
8	2017051106				67	52	51.5	62
9	2017051107				82.5	91	78	67
10	2017051108				78.5	83.5	64	76.5
11	2017051109				57	72.5	76	79
12	2017051110				85	77	71	65
13	2017051111				76	78	85	78
14	2017051112				89.5	72	79	84
15	2017051113				76	91	64	75.5
16	2017051114				71	65	63	73
17	2017051115				63	70	58	75
18	2017051116				67	63	57	62

图 4-63 合并计算结果

提示： "学号"字段名未显示，可手动输入。

2. 应用 VLOOKUP 函数，完善 Sheet3 工作表中的"姓名""学院""班级"等信息

由于每张表中均有学号信息，所以将以学号作为查找条件。

在 Sheet3 工作表中，选中 B2 单元格，单击"插入函数"按钮，弹出"插入函数"对话框，在"全部"函数中找到并选中 VLOOKUP 函数，双击或单击"确定"按钮，弹出 VLOOKUP"函数参数"对话框。

在"Lookup_value"中输入第一个学生的学号所在单元格地址，即 A3，在 Table_array 中，选择 Sheet1 工作表中的所有数据区域（除标题外），即 Sheet1!A2:H12，由于 Sheet1 工作表中"姓名"位于第 2 列，所以 Col_index_num 中输入 2，Range_lookup 中输入 FALSE。完成设置的函数参数对话框如图 4-64 所示。

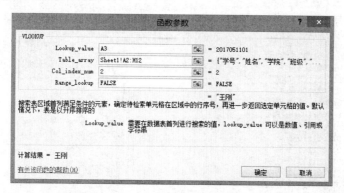

图 4-64 VLOOKUP 函数参数对话框

单击"确定"按钮，找到第一个学生的"姓名"信息为"王刚"，通过填充方式，获取其他学生的"姓名信息"，效果如图 4-65（a）所示。

在图 4-65（a）中可以看出从学号为"2017051111"开始，填充出错，根据 Sheet1 、Sheet2 表中数据可知，学号为"2017051101"到"2017051110"为 Sheet1 表中数据，学号为"2017051111"到"2017051116" 为 Sheet2 表中数据，所以，学号为"2017051111"到"2017051116" 的学生"姓名"信息需要在 Sheet2 表中查询。

删除填充出错单元格的报错信息，选中 B13 单元格，单击"插入函数"按钮，弹出"插入函数"对话框，在"全部"函数中找到并选中 VLOOKUP 函数，双击或单击"确定"按钮，弹出 VLOOKUP"函数参数"对话框。

在"Lookup_value"中输入 A31，在"Table_array"中，选择 Sheet2 工作表中的所有数据区域（除标题外），即 Sheet2!A2:H8，由于 Sheet2 工作表中"姓名"位于第 2 列，所以"Col_index_num"中输入 2，"Range_lookup"中输入 FALSE。单击"确定"按钮，完成"学号"为"2017051111"学生的"姓名"查询，通过填充方式完成后面其他学生"姓名"填充，效果如图 4-65（b）所示。

	学生成绩信息表						
学号	姓名	学院	班级	计算机	大学语文	数学	英语
2017051101	王刚			90	71	74	80
2017051102	李小华			86.5	82	89	70
2017051103	张浩天			76	69	58	73.5
2017051104	李可			52	71	92	68
2017051105	刘健			93	68	68	83
2017051106	张明明			67	52	51.5	62
2017051107	赵成明			82.5	91	78	67
2017051108	王明国			78.5	83.5	64	76.5
2017051109	刘明			57	72.5	76	79
2017051110	罗华			85	77	71	65
2017051111	#N/A			76	78	85	78
2017051112	#N/A			89.5	72	79	84
2017051113	#N/A			76	91	64	75.5
2017051114	#N/A			71	65	63	73
2017051115	#N/A			63	70	58	75
2017051116	#N/A			67	63	57	62

（a） 利用 VLOOKUP 函数查找结果（1）

提示 1："学院""班级"两字段的信息请读者根据"姓名"字段查找方式自行完成，最终结果如图 4-65（c）所示。

提示 2：注意"Col_index_num"参数的变化。

	A	B	C	D	E	F	G	H
1				学生成绩信息表				
2	学号	姓名	学院	班级	计算机	大学语文	数学	英语
3	2017051101	王刚			90	71	74	80
4	2017051102	李小华			86.5	82	89	70
5	2017051103	张浩天			76	69	58	73.5
6	2017051104	李可			52	71	92	68
7	2017051105	刘健			93	68	68	83
8	2017051106	张明明			67	52	51.5	62
9	2017051107	赵成明			82.5	91	78	67
10	2017051108	王明国			78.5	83.5	64	76.5
11	2017051109	刘明			57	72.5	76	79
12	2017051110	罗华			85	77	71	65
13	2017051111	罗浩			76	78	85	78
14	2017051112	朱光明			89.5	72	79	84
15	2017051113	谭明明			76	91	64	75.5
16	2017051114	刘满福			71	65	63	73
17	2017051115	张贵明			63	70	58	75
18	2017051116	李莉			67	63	57	62

（b）　利用 VLOOKUP 函数查找结果（2）

	A	B	C	D	E	F	G	H
1				学生成绩信息表				
2	学号	姓名	学院	班级	计算机	大学语文	数学	英语
3	2017051101	王刚	网络学院	A1701	90	71	74	80
4	2017051102	李小华	软件学院	A1702	86.5	82	89	70
5	2017051103	张浩天	软件学院	A1702	76	69	58	73.5
6	2017051104	李可	网络学院	A1701	52	71	92	68
7	2017051105	刘健	网络学院	A1701	93	68	68	83
8	2017051106	张明明	网络学院	A1701	67	52	51.5	62
9	2017051107	赵成明	软件学院	A1702	82.5	91	78	67
10	2017051108	王明国	软件学院	A1702	78.5	83.5	64	76.5
11	2017051109	刘明	网络学院	A1701	57	72.5	76	79
12	2017051110	罗华	软件学院	A1702	85	77	71	65
13	2017051111	罗浩	网络学院	A1702	76	78	85	78
14	2017051112	朱光明	软件学院	A1702	89.5	72	79	84
15	2017051113	谭明明	软件学院	A1701	76	91	64	75.5
16	2017051114	刘满福	网络学院	A1702	71	65	63	73
17	2017051115	张贵明	网络学院	A1701	63	70	58	75
18	2017051116	李莉	网络学院	A1702	67	63	57	62

（c）　利用 VLOOKUP 函数查找结果（3）

图 4-65　利用函数查找结果

3. 保存编辑好的"Excel-7.xlsx"文档，退出 Excel 程序

单击"文件"选项卡"保存"命令，完成文件保存。单击"文件"选项卡"退出"命令，退出 Excel 程序。完成本题操作。

任务八　Excel 2010 数据透视表

任务描述

数据透视表是交互式报表，可快速合并和比较大量数据，如果要分析相关的汇总值，尤其是在要合计较大的列表并对每个数字进行多种比较时，可以使用数据透视表。由于数据透视表是交互式的，因此，可以随意使用数据的布局进行实验以便查看更多明细数据或计算不同的汇总额，如计数或平均值。本任务详细地介绍如何在 Excel 创建数据透视表。通过本任务的学习，要求读者掌握 Excel 2010 数据透视表的创建及数据透视表的使用。本任务完成的操作如下：

打开素材"Excel-8.xlsx"文档，按下面要求完成操作。

① 使用 Sheet1 工作表中的内容，以"姓名"为"行标签"，"学院"为"报表筛选"，"班级"为"列标签"，各科成绩为"数值"项，求各科成绩的平均分，在 Sheet1 工作表的 B18 单元格开始创建一个数据透视表。

② 修改数据透视表中的列标签名称为"班级"；

③ 在数据透视表中筛选出所有"软件学院"的学生信息；

④ 保存编辑好的"Excel-8.xlsx"文档，退出 Excel 程序。

提示：最终排版样式请参考"Excel-8 样张.xlsx"。

任务实施

双击打开"Excel-8.xlsx"文档，文档内容如图 4-66 所示。

	学生成绩信息表							
	学号	姓名	学院	班级	计算机	大学语文	数学	英语
3	2017051101	王刚	网络学院	A1701	90	71	74	80
4	2017051102	李小华	软件学院	A1702	86.5	82	89	70
5	2017051103	张浩天	软件学院	A1701	76	69	58	73.5
6	2017051104	李可	网络学院	A1701	52	71	92	68
7	2017051105	刘健	网络学院	A1701	93	68	68	83
8	2017051106	张明明	网络学院	A1701	67	52	51.5	62
9	2017051107	赵成明	软件学院	A1701	82.5	91	78	67
10	2017051108	王明国	软件学院	A1702	78.5	83.5	64	76.5
11	2017051109	刘明	网络学院	A1701	57	72.5	76	79
12	2017051110	罗华	软件学院	A1702	85	77	71	65

图 4-66 Excel-8.xlsx 文档内容

1. 使用 Sheet1 工作表中的内容，以"姓名"为"行标签"，"学院"为"报表筛选"，"班级"为"列标签"，各科成绩为"数值"项，求各科成绩的平均分，在 Sheet1 工作表的 B18 单元格处创建一个数据透视表

在 Sheet1 工作表中，光标定位在数据区域的任意位置，单击"插入"选项卡"表格"组中的"数据透视表"按钮，在弹出的下拉菜单中选择"数据透视表（T）"命令，弹出"创建数据透视表" 对话框，如图 4-67 所示，"请选择要分析的数据"选项组保持默认设置（注：默认是选择"选择一个表或区域（S）"，"表/区域"会自动选择数据源数据区域）。

在"选择放置数据透视表的位置"选项组中选择"现有工作表"单选按钮，在"位置"处选择 Sheet1 工作表中的 B18 单元格，单击"确定"按钮，此时在 Sheet1 工作表中的 B18 位置显示数据透视表的页面布局区域，如图 4-68 所示。

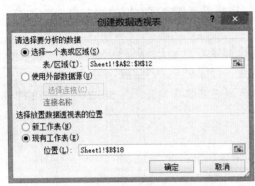

图 4-67 "创建数据透视表"对话框

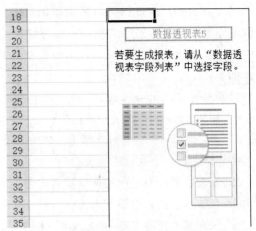

图 4-68 数据透视表的页面布局区域

在工作表的右边显示"数据透视表字段列表"（注：当光标定位在数据透视表的页面布局区域任意位置时，在工作表的右边会显示"数据透视表字段列表"，否则"数据透视表字段列表"将不显示）。在"数据透视表字段列表"窗格中，在"选择要添加到报表的字段"下，将"学院"字段拖放到"报表筛选"中，将"姓名"字段拖放到"行标签"中，将"班级"字段拖放到"列标签"中，分别将"计算机""大学语文""数学""英语"字段拖放到"数值"中，如图 4-69 所示。

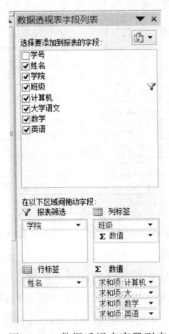

图 4-69 数据透视表字段列表

值得注意的是，默认情况下，"数值"项为求和项，单击"计算机"求和项，在弹出的快捷菜单中选择"值字段设置"命令，弹出"值字段设置"对话框，如图 4-70 所示，在"计算类型"中选择"平均值"。按此方法完成其他成绩字段的平均值设置，设置完成后的"数据透视表字段列表"如图 4-71 所示。

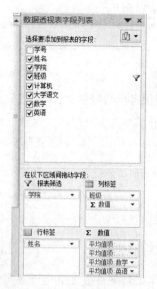

图 4-70　"值字段设置"对话框　　　　　图 4-71　完成设置的"数据透视表字段列表"

2．修改数据透视表中的列标签名称为"班级"

在数据透视表中，双击"列标签"名称，"列标签"单元格处于可编辑状态，直接输入"班级"即可。

3．在数据透视表中筛选出所有"软件学院"的"A1702"班的学生信息

在数据透视表中，单击"报表筛选"中的"学院"，在下拉列表框中选择"软件学院"，如图 4-72 所示，单击"确定"按钮。

单击"列标签"中的"班级"，在下拉列表框中选择"A1701"，如图 4-73 所示，单击"确定"按钮。

图 4-72　报表筛选设置　　　　　　　　图 4-73　列标签设置

数据表筛选结果如图 4-74 所示。

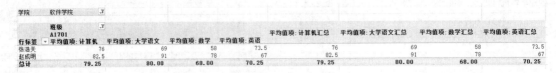

图 4-74　筛选结果

4．保存编辑好的"Excel-8.xlsx"文档，退出 Excel 程序

单击"文件"选项卡"保存"命令，完成文件保存。单击"文件"选项卡"退出"命令，退出 Excel 程序。完成本题操作。

任务九　Excel 2010 制作工资条

任务描述

制作工资条是很多单位所必需的，本任务通过具体实例，详细讲解工资条的制作方法。希望对读者在日常工作中有所帮助。本任务完成的操作如下：

打开素材"Excel-9.xlsx"文档，把如图 4-75 所示的工资表数据制作成如图 4-76 所示的工资条效果。

提示：最终排版样式请参考"Excel-9 样张.xlsx"。

	A	B	C	D	E	F	G	H	I
1					工资表				
2	姓名	基本工资	工龄工资	绩效工资	业务提成	保险扣款	公积金	应该工资	实发工资
3	王刚	2500	1200	800	2200	130	800	6700	5770
4	李小华	2500	1100	800	2000	130	800	6400	5470
5	张洁天	2500	1050	800	1800	130	700	6150	5320
6	李可	2500	1050	800	1800	130	700	6150	5320
7	刘健	2500	1000	800	1950	130	700	6250	5420
8	张明明	2500	1000	800	1500	130	700	5800	4970
9	赵成明	2500	980	700	2800	130	600	6980	6250
10	王明国	2500	980	700	2600	130	600	6780	6050
11	刘明	2500	950	700	3000	130	600	7150	6420
12	罗华	2500	950	700	1380	130	600	5530	4800

图 4-75　工资表数据

图 4-76　工资条效果

任务实施

双击打开"Excel-9.xlsx"文档，文档内容如图 4-75 所示。

1．调整行高

把所有数据行的行高设置为 30。

2．设置辅助列数据

为了在每两个人之间插入一空行，需要一辅助列进行控制，这里以 J 列为辅助数据列。

在 J 列的 J2 单元格中输入数据 0，J3 单元格中输入 1，选中 J2、J3 两个单元格，应用填充功能，完成其他单元格数据填充。

在 J 列最后一个数据单元格 J12 的后面即 J13 单元格中输入 1.1，在 J14 单元格中输入 2.1，应用填充功能，完成其他单元格数据填充（注：填充数据的行数不少于工资表中的人员数），效果如图 4-77 所示。

图 4-77　工资条辅助列效果

3．排序

按 J 列数据升序排序。光标定位在数据表数据区域任意位置，单击"数据"选项卡"排序"按钮，弹出"排序"对话框，如图 4-78 所示，在"主要关键字"下拉列表框中选择"0"字段，其他项保持默认，单击"确定"按钮，完成排序操作。

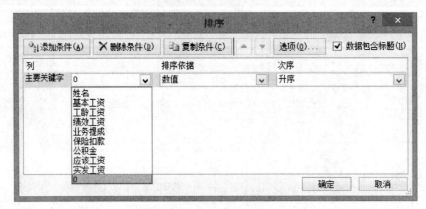

图 4-78　"排序"对话框

将数据区域所有行的行高设置为 30，数据表效果如图 4-79 所示。

	A	B	C	D	E	F	G	H	I	J
1					工资表					
2	姓名	基本工资	工龄工资	绩效工资	业务提成	保险扣款	公积金	应该工资	实发工资	0
3	王刚	2500	1200	800	2200	130	800	6700	5770	1
4										1.1
5	李小华	2500	1100	800	2000	130	800	6400	5470	2
6										2.1
7	张浩天	2500	1050	800	1800	130	700	6150	5320	3
8										3.1
9	李可	2500	1050	800	1800	130	700	6150	5320	4
10										4.1
11	刘健	2500	1000	800	1950	130	700	6250	5420	5
12										5.1
13	张明明	2500	1000	800	1500	130	700	5800	4970	6
14										6.1
15	赵成明	2500	980	700	2800	130	600	6980	6250	7

图 4-79　按辅助列排序后数据表效果

4．删除辅助列数据

由于辅助列数据实际并不需要，因此可以直接删除 J 列中所有数据，数据效果如图 4-80 所示。

	A	B	C	D	E	F	G	H	I
1					工资表				
2	姓名	基本工资	工龄工资	绩效工资	业务提成	保险扣款	公积金	应该工资	实发工资
3	王刚	2500	1200	800	2200	130	800	6700	5770
4									
5	李小华	2500	1100	800	2000	130	800	6400	5470
6									
7	张浩天	2500	1050	800	1800	130	700	6150	5320
8									
9	李可	2500	1050	800	1800	130	700	6150	5320
10									
11	刘健	2500	1000	800	1950	130	700	6250	5420
12									
	张明明	2500	1000	800	1500	130	700	5800	4970

图 4-80　删除辅助列后数据表效果

5. 制作工资条

（1）选中数据区域

选中数据区域即 A2:I21（注：不要选择标题行），单击"开始"选项卡"编辑"组中的"查找和选择"按钮，在下拉列表框中选择"定位条件"命令，弹出"定位条件"对话框，如图 4-81 所示，选择"空值"单选按钮，单击"确定"按钮，数据效果如图 4-82 所示（注：为了保证空值单元格始终处于选中状态，此时不要单击鼠标或按【Enter】键）。

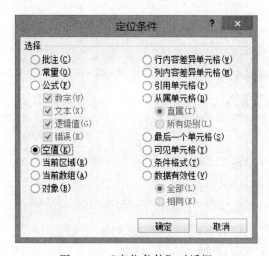

图 4-81　"定位条件"对话框

	A	B	C	D	E	F	G	H	I
1					工资表				
2	姓名	基本工资	工龄工资	绩效工资	业务提成	保险扣款	公积金	应该工资	实发工资
3	王刚	2500	1200	800	2200	130	800	6700	5770
4									
5	李小华	2500	1100	800	2000	130	800	6400	5470
6									
7	张洁天	2500	1050	800	1800	130	700	6150	5320
8									
9	李可	2500	1050	800	1800	130	700	6150	5320
10									
11	刘健	2500	1000	800	1950	130	700	6250	5420
12									
13	张明明	2500	1000	800	1500	130	700	5800	4970
14									
15	赵成明	2500	980	700	2800	130	600	6980	6250

图 4-82　定位空值后的数据效果

（2）填充空值单元格

保持空值单元格为选中状态，先在 A4 单元格中输入"="，再单击 A2 单元格（姓名），最后按【Ctrl+Enter】组合键进行批量填充，完成工资条制作，最终效果如图 4-83 所示。

	A	B	C	D	E	F	G	H	I
1					工资表				
2	姓名	基本工资	工龄工资	绩效工资	业务提成	保险扣款	公积金	应该工资	实发工资
3	王刚	2500	1200	800	2200	130	800	6700	5770
4	姓名	基本工资	工龄工资	绩效工资	业务提成	保险扣款	公积金	应该工资	实发工资
5	李小华	2500	1100	800	2000	130	800	6400	5470
6	姓名	基本工资	工龄工资	绩效工资	业务提成	保险扣款	公积金	应该工资	实发工资
7	张洁天	2500	1050	800	1800	130	700	6150	5320
8	姓名	基本工资	工龄工资	绩效工资	业务提成	保险扣款	公积金	应该工资	实发工资
9	李可	2500	1050	800	1800	130	700	6150	5320
10	姓名	基本工资	工龄工资	绩效工资	业务提成	保险扣款	公积金	应该工资	实发工资
11	刘健	2500	1000	800	1950	130	700	6250	5420
12	姓名	基本工资	工龄工资	绩效工资	业务提成	保险扣款	公积金	应该工资	实发工资
13	张明明	2500	1000	800	1500	130	700	5800	4970
14	姓名	基本工资	工龄工资	绩效工资	业务提成	保险扣款	公积金	应该工资	实发工资
15	赵成明	2500	980	700	2800	130	600	6980	6250

图 4-83　工资条最终效果

任务十 从身份证号码中提取信息

任务描述

本任务将综合应用函数，从身份证号码中提取所需信息，实现利用身份证号码快速生成员工基本信息表。本任务完成的操作如下：

打开素材"Excel-10.xlsx"文档，利用身份证号码信息，完善表格中其他字段信息。

提示：最终排版样式请参考"Excel-10样张.xlsx"。

任务实施

双击打开"Excel-10.xlsx"文档，文档内容如图4-84所示。

利用身份证号码信息，完善表格中其他字段信息。

（1）认识身份证号码信息

身份证号码共18号，各位数字的含义如下所示：

① 前1、2位数字表示：所在省份的代码；

② 第3、4位数字表示：所在城市的代码；

③ 第5、6位数字表示：所在区县的代码；

④ 第7～14位数字表示：出生年、月、日（yyyy-mm-dd）；

⑤ 第15～16位数字表示：所在地的派出所的代码；

⑥ 第17位数字表示性别：奇数表示男性，偶数表示女性；

⑦ 第18位数字是校检码，根据前面十七位数字码计算出来的检验码。

	A	B	C	D	E
1	员工基本信息表				
2	身份证号	姓名	性别	出生年月	年龄
3	510000199305133570	李小明			
4	510000199205063522	王小敏			
5	510000198910063581	赵可欣			
6	510000199103093507	刘祥			
7	510000198911063579	张明健			
8	510000199306183563	李可可			
9	510000198812193590	吕洪刚			

图4-84 Excel-10.xlsx文档内容

因此，为了计算出"性别""出生年月""年龄"，分析如下。

（2）性别要取第17位数字，通过奇、偶数来判定男女

性别的计算公式为：=IF(MOD(MID(A3,17,1),2)=1,"男","女")

相关函数说明：

① Mid()函数：作用是从一个字符串中截取出指定数量的字符。语法为：MID(字符串,开始位置,长度)。

② Mod()函数：作用是两个数值表达式作除法运算后的余数。语法为：MOD(被除数,除数)。

③ IF()函数：作用是根据指定的条件来判断其"真""假"，根据逻辑计算的真假值，从而返回相应的内容。语法为：IF(条件表达式,条件为真时返回的值,条件为假时返回的值)。

（3）出生年月日要取 7～14 位数字，7～10 位表示年，第 11、12 位表示月，第 13、14 位表示日

出生年月日的计算公式为：=DATE(MID(A3,7,4),MID(A3,11,2),MID(A3,13,2))

相关函数说明：

① MID(A3,7,4)：取出年份；MID(A3,11,2)：取出月份；MID(A3,13,2)：取出日。

② DATE()函数：作用是返回代表特定日期的序列号。语法为：DATE(year,month,day)。

③ 年龄简单计算可通过当前日期减去出生日期的差。

（4）年龄计算公式为：=DATEDIF(TEXT(MID(A3,7,8),"0000-00-00"),TODAY(),"y")

相关函数说明：

① TODAY()函数：作用是返回当前系统日期。语法为：Today()，没有参数。

② DATEDIF()函数：作用是返回两个日期之间的年、月或日之间的间隔数。语法为：=DATEDIF(开始日期,结束日期,单位代码)，其中"单位代码"为"Y"时，计算结果是两个日期间隔的年数，为"M"时，计算结果是两个日期间隔的月份数，为"D"时，计算结果是两个日期间隔天数。

通过上面的分析，下面分别计算性别、出生年月日和年龄。

在 C3 单元格中输入性别计算公式"=IF(MOD(MID(A3,17,1),2)=1,"男","女")"，按【Enter】键确认，通过填充方式计算其他人的性别。

在 D3 单元格中输入出生年月日计算公式"=DATE(MID(A3,7,4),MID(A3,11,2),MID(A3,13,2))"，按【Enter】键确认，通过填充方式计算其他人的出生年月日。

在 E3 单元格中输入年龄计算公式"=DATEDIF(TEXT(MID(A3,7,8),"0000-00-00"),TODAY(),"y")"，按【Enter】键确认，通过填充方式计算其他人的年龄。

计算结果如图 4-85 所示。

	A	B	C	D	E
1			员工基本信息表		
2	身份证号	姓名	性别	出生年月	年龄
3	510000199305133570	李小明	男	1993/5/13	24
4	510000199205063522	王小敏	女	1992/5/6	25
5	510000198910063581	赵可欣	女	1989/10/6	28
6	510000199103093507	刘祥	女	1991/3/9	26
7	510000198911063579	张明健	男	1989/11/6	28
8	510000199306183563	李可可	女	1993/6/18	24
9	510000198812193590	吕洪刚	男	1988/12/19	29

图 4-85　员工基本信息表计算结果

思考与练习

一、填空题

1. Excel 2010 生成的文件扩展名默认为_____。

2. Excel 2010 工作簿默认情况下有_____个工作表，分别以_____、_____、_____命名。

3. Excel 2010 电子表格由_____和_____组成，行与列交叉形成的是_____。

4. _____是组成工作表的最小单位。

5. 在 Excel 2010 中，存储二维数据的表格被称为_____。

6. Excel 2010 的视图包括_____、_____、_____、_____、_____。

7. 在 Excel 2010 选择连续的单元格可配合使用_____键，选择不连续的单元格可配合使用_____键。

8. 在 Excel 系统中，输入公式时必须以_____开头。

9. 在 Excel 2010 中，D2 单元格的行的绝对地址为_____。

二、选择题

1. Excel 是一个在 Windows 操作系统下运行的（　　　）。
   - A. 操作系统
   - B. 字处理应用软件
   - C. 电子表格处理软件
   - D. 打印数据程序

2. 在 Excel 2010 操作界面中，位于工作区左侧和上方的数字和字母分别表示（　　　）。
   - A. 行号和列标
   - B. 列标和行号
   - C. 垂直标尺和水平标尺
   - D. 垂直标尺和区域号

3. 在 Excel 2010 中，存储二维数据的表格被称为（　　　）。
   - A. 工作簿
   - B. 文件夹
   - C. 工作表
   - D. 图表

4. 在 Excel 2010 中，工作簿是指（　　　）。
   - A. 操作系统
   - B. 图表
   - C. 程序设计软件
   - D. Excel 中用来存储和处理数据的文件

5. 下列关于 Excel 2010 的叙述中，正确的是（　　　）。
   - A. Excel 2010 工作簿内工作表的名称由文件名决定
   - B. Excel 2010 允许一个工作簿中包含多个工作表
   - C. Excel 2010 的图表必须与生成该图表的有关数据处于同一张工作表中
   - D. Excel 2010 将工作簿的每一张工作表分别作为一个文件来保存

6. Excel 2010 工作簿文件的默认扩展名为（　　　）。
   - A. docx
   - B. xlsx
   - C. pptx
   - D. mdbx

7. 在 Excel 2010 的工作表中最小操作单元是（　　　）。
   - A. 一个单元格
   - B. 一行
   - C. 一列
   - D. 一张表

8. 在 Excel 2010 中，行和列交叉的位置称为（　　　）。
   - A. 地址标记
   - B. 单元格
   - C. 一个存储单位
   - D. 单位

9. 在 Excel 2010 中，选中第一张工作表后，按住【Ctrl】键不放，再单击最后一张工作表标签，则（　　　）。

    A. 选中全部工作表

    B. 复制第一张工作表到最后一张工作表后

    C. 选中第一张和最后一张工作表

    D. 移动第一张工作表到最后一张工作表后

10. Excel 2010 的冻结窗格功能（　　　）。

    A. 只能将标题行冻结

    B. 可以将任意的列或行冻结

    C. 可以将 A 列和 1、2、3 行同时冻结

    D. 可以将任意的单元格冻结

11. 在 Excel 2010 工作表中，单元格区域 A1:B2 所包含的单元格个数是（　　　）。

    A. 4   B. 5   C. 6   D. 7

12. 在 Excel 2010 中，给当前单元格输入数值型数据时，默认为（　　　）。

    A. 居中   B. 左对齐   C. 右对齐   D. 随机

13. 在 Excel 2010 中，输入文字后在单元内的默认显示方式是（　　　）。

    A. 居中   B. 左对齐   C. 右对齐   D. 居上

14. 在一个单元格中若输入了"0 2/5"，按回车键后应显示为（　　　）。

    A. 5 月 2 日   B. 2/5   C. 0 2/5   D. 0 2

15. 在 Excel 2010 中，B2 单元格的列相对行绝对的混合引用地址为（　　　）。

    A. $B$2   B. $B2   C. B$2   D. B2

16. Excel 2010 中如需同时选择多个不相邻的工作表，可在单击工作表标签时按住（　　　）。

    A. 【Shift】键   B. 【Alt】键   C. 【Ctrl】键   D. 【Tab】键

17. 在单元格中输入函数=sum(10,min(15,max(2,1),3))后按回车键，该单元格的显示结果为（　　　）。

    A. 12   B. 13   C. 14   D. 15

18. Excel 2010 工作簿中，模板文件的默认类型是（　　　）。

    A. *.xls   B. *.xlsx   C. *.xlt   D. *.xltx

19. Excel 2010 中数值单元格中出现一连串的"###"符号，可通过以下方法解决（　　　）。

    A. 重新输入数据   B. 删除这些符号

    C. 删除单元格后再按撤销键   D. 调整单元格的宽度

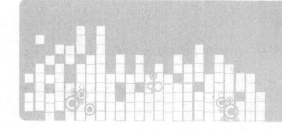

项目 五

演示文稿制作

学习目标

- 熟悉 PowerPoint 2010 的工作环境
- 掌握 PowerPoint 2010 的基本操作
- 掌握 PowerPoint 2010 的幻灯片母版设置
- 掌握 PowerPoint 2010 的幻灯片切换方式
- 掌握 PowerPoint 2010 的动画设置
- 掌握 PowerPoint 2010 的多媒体元素应用

项目描述

演示文稿软件主要用于制作演讲、报告、教学内容的提纲，是一种电子版的幻灯片，可以方便人们进行信息交流，PowerPoint 是该领域最受欢迎的软件之一。本项目通过典型任务，主要介绍了 PowerPoint 2010 创建和管理演示文稿的基本方法，幻灯片的外观设计、动画设置、效果切换等内容。

本项目要完成的任务：

PowerPoint 2010 综合应用

任务　PowerPoint 2010 综合应用

任务描述

本任务要求读者熟悉 PowerPoint 2010 的工作环境，熟悉 PowerPoint 2010 的基本操作，包括幻灯片版式、主题、动画、切换、放映、排版等操作。通过该任务的学习，让读者具备幻灯片制作的基本能力。

本任务需完成的操作如下：

① 使用"幻灯片（从大纲）"，以"幻灯片素材.docx"内容新增演示文稿文件。

② 将幻灯片 1 套用 "标题幻灯片"版式，标题为"水资源利用与节水"；

③ 给演示文稿指定"波形"主题；

④ 将幻灯片 2 套用"标题和内容"版式；

⑤ 将幻灯片 3 套用"图片与标题"版式，在图片文本框中插入图片素材"1.jpg"，并适当调整排版使该张幻灯片协调美观；

⑥ 隐藏幻灯片 1 原来的背景图形，使用"素材"文件夹中的"2.jpg"图片作为该幻灯片的背景；

⑦ 在幻灯片 1 后插入一张"标题和文本"版式的幻灯片，　在标题中输入"内容提纲"，文本分三段输入 "一、水的知识"、"二、水的应用"、"三、节水工作"，字号为 28，行距为 1.5 倍；

⑧ 将幻灯片 2 文本占位符中的文本与相应的幻灯片建立超链接；

⑨ 在幻灯片 2 中插入一张剪贴画，并适当调整剪贴画的位置与大小；

⑩ 设置动画效果。

- 设置幻灯片 1 标题的动画效果为"自右侧飞入"，整批发送，单击鼠标启动动画效果；
- 设置幻灯片 2 标题的动画效果为"垂直百叶窗"，持续时间为 1 秒，开始上一动画之后，声音为"打字机"；
- 设置幻灯片 2 中文本内容动画效果为"弹跳"，效果为"整批发送"，"动画文本"按"字/词发送"，字词之间延迟百分比为 15；
- 设置第二张幻灯片中图片的动画效果为"陀螺旋"。

⑪ 在幻灯片 3 中插入链接上一张和下一张幻灯片的动作按钮；

⑫ 设置所有幻灯片的切换效果为"溶解"，声音为"风铃"，持续时间为"1.5 秒"，换片方式为自动换片，时间为 5 秒；

⑬ 在第一张幻灯片中插入声音文件"sound.mp3"作为背景音乐，设置为"跨幻灯片播放"，放映时隐藏声音图标，且循环播放，直到停止；

⑭ 将当前文档另存为文件名"PowerPoint.pptx"。

提示：最终结果参考"PowerPoint1 样张.pptx"。

任务实施

1. 使用"幻灯片（从大纲）"，以"幻灯片素材.docx"内容新增演示文稿文件

（1）启动 PowerPoint 2010

启动 PowerPoint 2010，默认新建一个空白文档（第一张幻灯片默认为"标题幻灯片"版式）。

（2）从 Word 文档中导入内容到 PowerPoint 文档中

单击"开始"选项卡"幻灯片"组中的"新建幻灯片"按钮，选择"幻灯片(从大纲)(L)…"命令，弹出"插入大纲"对话框，如图 5-1 所示，选择"幻灯片素材.docx"文档，单击"插入"按钮，完成操作，效果如图 5-2 所示。

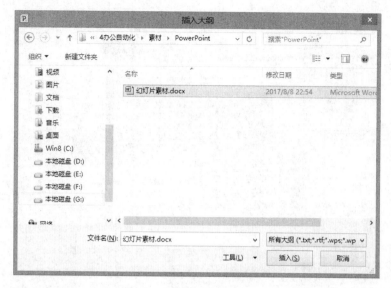

图 5-1 "插入大纲"对话框

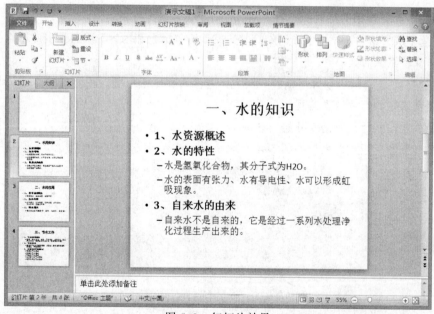

图 5-2 幻灯片效果

提示：在插入"幻灯片素材.docx"文档前，按导入内容需要，先对该文档进行大纲级别设置。

2．将幻灯片 1 套用 "标题幻灯片"版式，标题为"水资源利用与节水"

当启动 PowerPoint 2010 或新建空白文档时，第一张幻灯片默认为"标题幻灯片"版式。在左边"幻灯片"窗格中选择第一张幻灯片，在标题文本框中输入文本"水资源利用与节水"。

3．给演示文稿指定"波形"主题

单击"设计"选项卡，在"主题"组中选择"波形"主题，效果如图 5-3 所示。

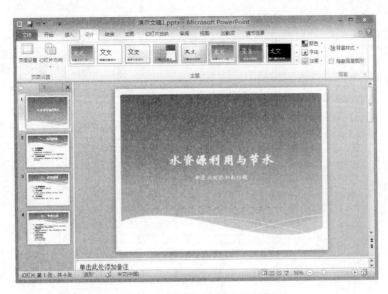

图 5-3 "波形"主题应用效果

4．将幻灯片 2 套用"标题和内容"版式

"幻灯片（从大纲）"导入生成的幻灯片，默认为"标题和内容"版式，因此第 2 张幻灯片不需设置，保持默认版式。

5．将幻灯片 3 套用"图片与标题"版式，在图片文本框中插入图片素材"1.jpg"，并适当调整排版使该张幻灯片协调美观

选中第 3 张幻灯片，单击"开始"选项卡"幻灯片"组中的"版式"按钮，在下拉菜单中选择"图片与标题"版式，效果如图 5-4 所示。

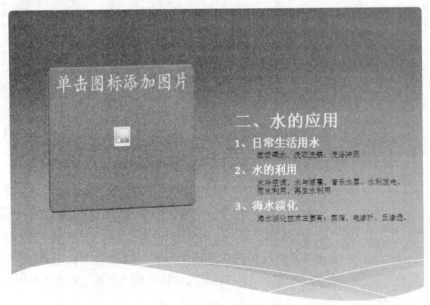

图 5-4 图片与标题版式效果

单击"单击图标添加图片"文本框中心的图片标志，弹出"插入图片"对话框，如图 5-5 所示，在素材文件夹中找到"1.jpg"图片，单击"插入"按钮插入图片。

图 5-5 "插入图片"对话框

提示：在幻灯片中插入图片时，可以单击"插入"选项卡"图像"组中的"图片"按钮，也会弹出"插入图片"对话框，进行插入图片操作。

适当移动图片文本框和标题内容文本框，并调整文本字号大小，效果如图 5-6 所示。

图 5-6 第三张幻灯片效果

6. 隐藏幻灯片 1 原来的背景图形，使用"素材"文件夹中的"2.jpg"图片作为该幻灯片的背景

选中第一张幻灯片，选择"设计"选项卡"背景"组中的"隐藏背景图形"复选框，此时会隐藏该幻灯片原来的背景图形。

　　在"背景"组中单击"背景样式"按钮，在下拉菜单中选择"设置背景格式"选项，弹出"设置背景格式"对话框，如图 5-7 所示，在"填充"下选择"图片或纹理填充"单选按钮，单击"文件(F)…"按钮，弹出"插入图片"对话框，在"素材"文件夹中找到并选择"2.jpg"图片，单击"插入"按钮，回到"设置背景格式"对话框，单击"关闭"按钮完成操作（注意：不能单击"全部应用"按钮，如单击"全部应用"按钮，则所有的幻灯片将使用该背景。）。

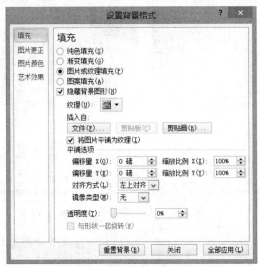

图 5-7　"设置背景格式"对话框

　　7．在幻灯片 1 后插入一张"标题和文本"版式的幻灯片，在标题中输入"内容提纲"，文本分三段输入"一、水的知识""二、水的应用""三、节水工作"，字号为 28，行距为1.5 倍。

　　光标定位在第一张幻灯片后（即在第一张幻灯片和第二张幻灯片之间的空隙处单击），单击"开始"选项卡"幻灯片"组中的"新建幻灯片"按钮，单击"标题和文本"版式，此时在第一张幻灯片后插入一张新幻灯片，如图 5-8 所示。

图 5-8　"标题和文本"版式幻灯片

在标题处，即"单击此处添加标题"文本框中输入文字"内容提纲"，在文本框处，即"单击此处添加文本"文本框中输入"一、水的知识"，按【Enter】键分段，再输入"二、水的应用"，再按【Enter】键分段，再输入"三、节水工作"。

选择文本内容，在"开始"选项卡的"字体"组中的"字号"下拉列表框中选择28。在"段落"组中单击 按钮，弹出"段落"对话框，如图5-9所示，在"行距"下拉列表框中选择"1.5倍行距"，单击"确定"按钮，完成操作，效果如图5-10所示。

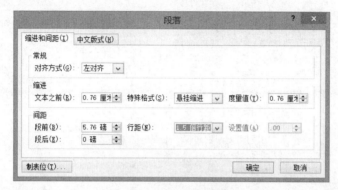

图 5-9　"段落"对话框

图 5-10　"标题和文本"版式幻灯片效果

8. 将幻灯片2文本占位符中的文本与相应的幻灯片建立超链接

选择第二张幻灯片，选择文本"一、水的知识"，单击"插入"选项卡"链接"组中的"超链接"按钮，弹出"插入超链接"对话框，如图5-11所示，在"链接到"选项组中选择"本文档中的位置(A)"按钮，在"请选择文档中的位置(C)"选项组中选择"幻灯片标题"下的"3 一、水的知识"选项，单击"确定"按钮，完成"一、水的知识"文本的超链接设置。

"二、水的应用""三、节水工作"文本的超链接设置与"一、水的知识"文本超链接设置类似，此处不再赘述，请同学们参照上面的步骤完成操作。

思考： 如何将文本的超链接地址链接到一个网址或文件上？

9. 在幻灯片2中插入一张剪贴画，并适当调整剪贴画的位置与大小

选择第二张幻灯片，单击"插入"选项卡"图像"组中的"剪贴画"按钮，弹出"剪贴画"

办公自动化项目教程（Windows 7+Office 2010）

窗格，保持默认设置，单击"搜索"按钮，显示系统中的剪贴画图片，如图 5-12 所示，任意单击一张剪贴画完成剪贴画插入。

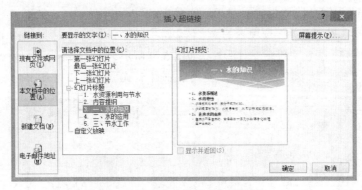

图 5-11 "插入超链接"对话框

图 5-12 "剪贴画"面板

适当移动剪贴画图片，保持幻灯片协调，效果如图 5-13 所示。

图 5-13 插入剪贴画效果

10. 设置动画效果

（1）设置幻灯片 1 标题的动画效果为"自右侧飞入"，单击启动动画效果

单击第一张幻灯片，选中标题，单击"动画"选项卡"动画"组中的"飞入"动画效果，如图 5-14 所示，单击"效果选项"按钮，在下拉菜单的"方向"中选择"自右侧"选项。完成本小题操作（注：默认为单击鼠标启动动画效果）。

图 5-14　"动画"菜单选项卡

（2）设置幻灯片 2 标题的动画效果为"垂直百叶窗"，持续时间为 1 秒，开始设置为"上一动画之后"，声音为"打字机"

单击第二张幻灯片，选中标题，单击"动画"选项卡"动画"组中的"百叶窗"动画效果，单击"效果选项"按钮，在下拉菜单的"方向"中选择"垂直"选项。

单击"动画"选项卡中的"计时"组，在"持续时间"微调框中设置为 01.00（1 秒），单击"开始"下拉列表框，选择"上一动画之后"选项。

单击"动画"选项卡"高级动画"组中的"动画窗格"按钮，弹出"动画窗格"，在"动画窗格"中显示了当前幻灯片中的所有动画效果。在"动画窗格"中单击标题动画右边的下三角按钮，如图 5-15 所示，选择"效果选项(E)…"命令，弹出"百叶窗"对话框，如图 5-16 所示，在"效果"选项卡"声音"下拉列表框中选择"打字机"，单击"确定"按钮，完成本小题操作。

图 5-15　"动画窗格"面板

（3）设置幻灯片 2 中文本内容动画效果为"弹跳"，效果为"整批发送"，"动画文本"按"字/词"发送，"字/词之间延迟百分比"为 15

单击第二张幻灯片，选中文本内容文本框，单击"动画"选项卡，在"动画"组中选择"弹跳"动画效果，单击"效果选项"按钮，在下拉列表框的"序列"中选择"整批发送"选项。

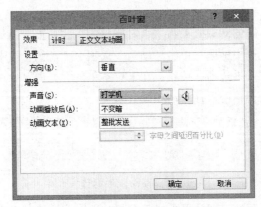

图 5-16   "百叶窗"效果选项对话框

单击"动画"选项卡"高级动画"组中的"动画窗格"按钮，弹出"动画窗格"面板，如图 5-17 所示，在"动画窗格"中单击"文本占位符"动画右边的下三角按钮，在下拉菜单中选择"效果选项(E)…"命令，弹出"弹跳"对话框，如图 5-18 所示，单击"效果"选项卡中，在"动画文本"下拉列表框中选择"按字/词"，在"字/词之间延迟百分百"中输入 15，单击"确定"按钮，完成本小题操作。

图 5-17   "动画窗格"面板

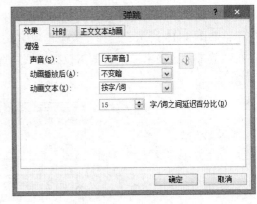

图 5-18   "弹跳"对话框

（4）设置幻灯片 2 中图片的动画效果为"陀螺旋"

单击第二张幻灯片，选中图片，单击"动画"选项卡"动画"组中"陀螺旋"按钮，完成本小题操作。

提示："动画"选项卡如图 5-19 所示，单击右边的下三角按钮，会显示更多的动画效果，如图 5-20 所示。

图 5-19   "动画"选项卡

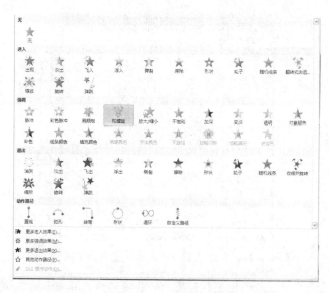

图 5-20 更多动画效果

11. 在幻灯片 3 中插入链接上一张和下一张幻灯片的动作按钮

选择第三张幻灯片，单击"插入"选项卡"插图"组中的"形状"按钮，在下拉菜单的底部找到"动作按钮"，如图 5-21 所示，选择动作按钮"后退或前一项"按钮（左边第一个按钮），在第三张幻灯片底部适当位置按住鼠标左键，拖画适当大小的按钮图标后松开鼠标，弹出"动作设置"对话框，如图 5-22 所示，保持默认设置（默认为链接到上一张幻灯片），动作按钮如需链接到其他幻灯片可单击"超链接到"下拉列表框，选择需要链接的幻灯片。单击"确定"按钮完成设置。

选择动作按钮"前进或下一项"按钮（左边第二个按钮），在第三张幻灯片底部适当位置按住鼠标左键，拖画适当大小的按钮图标后松开鼠标，弹出"动作设置"对话框，如图 5-23所示，保持默认设置（默认为链接到下一张幻灯片），动作按钮如需链接到其他幻灯片可单击"超链接到"下拉列表框，选择需要链接的幻灯片。单击"确定"按钮完成本小题操作。

图 5-21 动作按钮　　　　　　　　图 5-22 后退或前一项"动作设置"对话框

图 5-23　前进或下一项"动作设置"对话框

　　提示：动作设置是指单击或移动鼠标时完成的指定动作。在较长的演示文稿中往往使用目录，并在每页幻灯片上增加导航栏来提高逻辑性，这种需求可以通过综合运用动作设置和母版来实现。

　　12．设置所有幻灯片的切换效果为"溶解"，声音为"风铃"，持续时间为"1.5 秒"，换片方式为自动换片，时间为 5 秒

　　单击"转换"选项卡，在"切换到此幻灯片"组中选择切换效果"溶解"，如图 5-24 所示，在"声音"下拉列表框中选择"风铃"，在"持续时间"微调框中输入时间 15 秒即"01.5"，"换片方式"中取消选择"单击鼠标时"复选框，选择"设置自动切片时间"并输入时间 5 秒，即"00：05.00"，单击"全部应用"按钮，完成本小题操作。

图 5-24　"转换"菜单选项卡

　　13．在第一张幻灯片中插入声音文件"sound.mp3"作为背景音乐，设置为"跨幻灯片播放"，放映时隐藏声音图标，且循环播放，直到停止

　　选择第一张幻灯片，单击"插入"选项卡"媒体"组中的"音频"按钮，在下拉菜单中选择"文件中的音频(F)…"命令，弹出"插入音频"对话框，如图 5-25 所示，在素材文件夹中找到并选中"sound.mp3"音频文件，单击"插入"按钮，完成音频文件插入操作。此时页面中插入一"喇叭"形状的音频对象图标。

　　选中音频对象，在"音频工具/播放"选项卡，如图 5-26 所示，在"音频选项"组中"开始"下拉列表框中选择"跨幻灯片播放"选项，选择"放映时隐藏"和"循环播放，直到停止"复选框，完成本小题操作。

　　14．将当前文档另存为"PowerPoint.pptx"

　　单击"文件"选项卡"另存为"按钮，弹出"另存为"对话框，选择文件存储路径，在"文件名"文本框中输入文件名"PowerPoint",保存类型保持默认,单击"确定"按钮,完成操作。

图 5-25 "插入音频"对话框

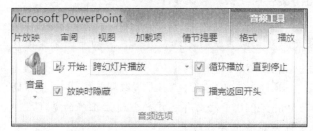

图 5-26 音频工具"播放"选项卡

思考与练习

一、填空题

1. PowerPoint 2010 生成的文件扩展名默认为_____,模板文件的扩展名为_____。

2. PowerPoint 2010 的视图包括_____、_____、_____、_____、_____。

3. PowerPoint 2010 母版视图包括_____、_____、_____。

4. 用 PowerPoint 2010 制作好幻灯片后,可以根据需要使用 3 种不同的方法放映幻灯片,这 3 种放映类型是_____、_____和_____。

5. 在 PowerPoint 2010 中可以利用_____、_____和_____等方法来创建演示文稿。

6. 删除幻灯片可以通过快捷键_____或_____键中的_____菜单下的"删除幻灯片"命令。

7. 在 PowerPoint 2010 中,超链接除了可以指向本文档中位置的幻灯片外,还可以指向_____、_____、_____。

二、选择题

1. 对于 PowerPoint 2010 而言，演示文稿、幻灯片、对象之间的关系是（　　　）。
   A. 演示文稿就是幻灯片，幻灯片包含对象
   B. 三者描述的是同一内容
   C. 演示文稿由幻灯片构成，幻灯片中包含对象
   D. 演示文稿由对象构成，对象包含幻灯片

2. 在使用 PowerPoint 2010 编辑演示文稿的过程中，最常用的视图是（　　　）。
   A. 普通视图　　　B. 幻灯片浏览视图　C. 备注页视图　　　D. 阅读视图

3. 下面关于 PowerPoint 2010 幻灯片母版的使用，不正确的说法是（　　　）。
   A. 通过母版可以批量修改幻灯片的外观
   B. 通过对母版的设置，可以预定义幻灯片的文字格式
   C. 修改母版不会对演示文稿中任何一张幻灯片带来影响
   D. 通过母版可以自定义幻灯片的版式

4. PowerPoint 2010 文件的默认扩展名是（　　）。
   A. pptx　　　　　B. ppsx　　　　　　C. potx　　　　　D. ppax

5. （　　　）视图可以对幻灯片进行添加、复制、移动和删除等操作，但不能编辑幻灯片中的内容。
   A. 普通　　　　　B. 备注页　　　　　C. 幻灯片浏览　　　D. 阅读

6. 下面关于 PowerPoint 2010 中幻灯片版式的叙述，正确的是（　　　）。
   A. 一个演示文稿只能使用一种版式
   B. 一张幻灯片只能使用一种版式
   C. 幻灯片的版式设置完成后不能进行修改
   D. 版式中占位符的位置不能进行修改

7. 在 PowerPoint 2010 的浏览视图下，按住【Ctrl】键并拖动某幻灯片，可以完成（　　　）操作。
   A. 移动幻灯片　B. 复制幻灯片　　　C. 选定幻灯片　　　D. 删除幻灯片

8. 在 PowerPoint 2010 中，要在播放幻灯片过程中结束放映，可以按（　　　）。
   A. 【Enter】键　B.【Esc】键　　　C.【BackSpace】键　D. 鼠标左键

9. 在 PowerPoint 2010 中，不能为（　　）添加超链接。
   A. 图形和图片　B. 文本　　　　　C. 艺术字　　　　　D. 页面背景

10. 在 PowerPoint 2010 中，超链接除了可以指向本幻灯片的其他页面外，还可以指向（　　　）。
   A. 其他 Office 文档　　　　　　B. 应用程序
   C. 网页　　　　　　　　　　　D. 以上全部均可

11. 在 PowerPoint 2010 的"幻灯片"窗格中选定某张幻灯片，执行"新建幻灯片"操作，则（　　　）。
   A. 在所有幻灯片之前新建一张新幻灯片

B. 在所有幻灯片之后新建一张新幻灯片

C. 在选定幻灯片之前新建一张新幻灯片

D. 在选定幻灯片之后新建一张新幻灯片

12. PowerPoint 2010 中"自定义动画"是指（　　）。

A. 设置幻灯片的放映时间　　　　B. 插入 Flash 动画

C. 为幻灯片中的对象添加动画效果　D. 设置换幻灯片的放映方式

13. 双击扩展名为（　　）的演示文稿文件会直接进入放映模式。

A. pptx　　　　B. potx　　　　C. ppax　　　　D. ppsx

14. 在演示文稿中，插入的超级链接中所链接的目标，不能是（　　）。

A. 另一个演示文稿　　　　　　B. 同一个演示文稿的某一张幻灯片

C. 其他应用程序的文档　　　　D. 幻灯片中的某处对象

15. 在 PowerPoint 2010 中，可直接插入以下哪些对象（　　）。

A. Excel 图表　B. 电影和声音　C. Flash 动画　　D. 以上都对

16. PowerPoint 2010 中，如果需要大致浏览幻灯片的顺序与缩略图，不需要编辑幻灯片中的内容，可使用以下哪种（　　）。

A. 普通视图　B. 阅读视图　　C. 幻灯片浏览视图　D. 备注视图

17. 在放映 PowerPoint 2010 幻灯片时，如需设置幻灯片放映时间，可使用（　　）。

A. 观看放映　B. 设置放映方式　C. 录制旁白　　D. 排练计时

项目 六

网络办公应用

学习目标

- 熟悉计算机、路由器等设备的设置
- 掌握基本的办公网络布线
- 掌握文件及打印机共享设置

项目描述

随着计算机技术与网络技术的快速发展及普及应用，网上办公、网络应用跟人们的日常学习、工作和生活密不可分。网络办公已成为当今人们办公的重要组成部分，本项目通过组建办公网络、设置文件共享、设置打印机共享等几方面介绍常用的网上办公与应用技术。

本项目要完成的任务：

任务一 组建办公网络

任务二 设置文件共享

任务三 设置打印机共享

任务一 组建办公网络

任务描述

本任务将使用计算机、路由器、网线等部件，搭建一个办公网络，实现网上办公所需的网络环境，也为后面任务实现文件及打印机共享创建网络条件。本任务需完成的操作如下：

① 准备工作。

② 网络布线。

③ 设置路由器。

④ 设置计算机。

⑤ 检测网络连通性。

任务实施

1．准备工作

准备好计算机（至少2台）、路由器1台，网线等硬件设备。

提示：在购买路由器时，要根据接入计算机台数来确定路由器端口数，应有余口，方便后期网络扩容。

2．网络布线

将入户网线连接到路由器的WAN端口上，用网线将所有的计算机网卡接口与路由器的LAN端口相连。

3．设置路由器

（1）设置连接路由器的计算机的IP地址

目前市场上的路由器的默认IP地址为192.16.1.1，初始用户名和密码均为"admin"，为了能连接路由器并进行相关设置，需要修改连接在路由器上的计算机的IP地址（只需修改一台计算机的IP），如图6-1所示，在"IP地址"文本框中输入192.168.1.2～192.168.1.254中的任意一个地址均可，这里我们输入192.168.1.2，在"子网掩码"文本框中输入255.255.255.0，其他保持默认，单击"确定"按钮完成计算机IP地址设置。

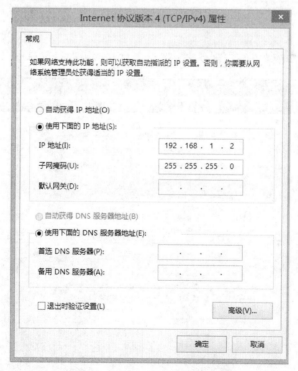

图6-1 Internet协议属性对话框

（2）连接路由器

在上一步中设置了IP地址，计算机上打开浏览器，在地址栏中输入网址http://192.168.1 并

办公自动化项目教程（Windows 7+Office 2010）

按【Enter】键，打开路由器的登录界面，如图 6-2 所示，输入用户名和密码，单击"确定"按钮，进入路由器设置界面。

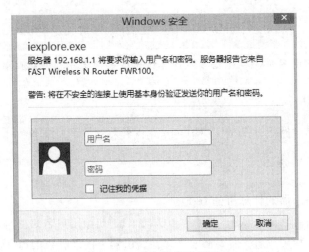

图 6-2　路由器登录界面

提示：如果没有修改过路由器的用户名和密码，默认均为"admin"；若修改过且记不住账号信息，可恢复路由器的出厂默认配置，操作方法为：长按路由器上的 RESET 键 5 ~ 10 秒即可。

（3）设置路由器

本任务以 FAST 路由器为例。登录路由器后，打开路由器设置界面，如图 6-3 所示。

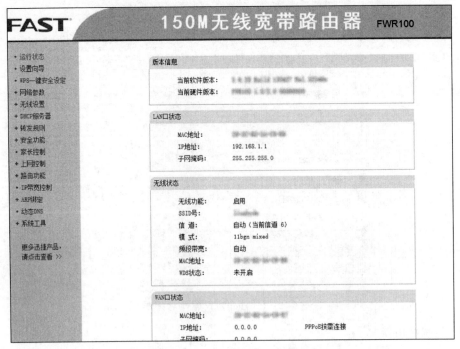

图 6-3　FAST 路由器设置界面

① WAN 口设置

选择"网络参数"→"WAN 口设置"选项，如图 6-4 所示，输入由网络运营商提供的"上网账号"和"上网口令"，其他保持默认，单击"保存"按钮完成设置。

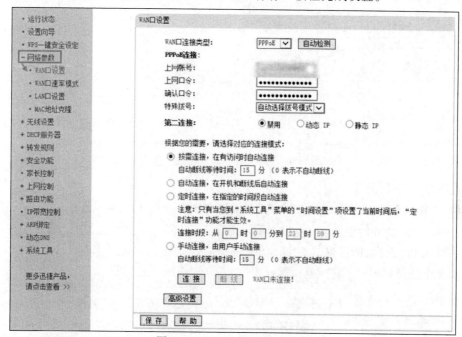

图 6-4 "WAN 口设置"界面

提示：目前小区光纤入户，可以省略 WAN 口设置，不用设置上网账号，连接好就可上网使用，如有移动设连接网络，只需要无线设置即可。

② 无线设置

选择"无线设置"→"基本设置"选项，如图 6-5 所示，在"SSID 号"文本框中输入无线网络的用户名，选择"开启无线功能"复选框，其他项保持默认，单击"保存"按钮完成设置。

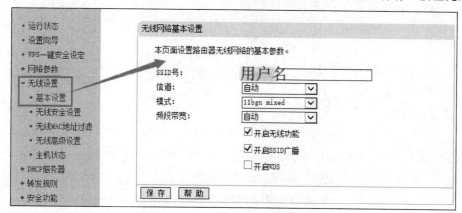

图 6-5 "无线网络基本设置"界面

选择"无线安全设置"选项，如图 6-6 所示，在"PSK 密码"文本框中输入无线登录密码（无线密码非常重要，一定要记得），单击"保存"按钮完成设置。

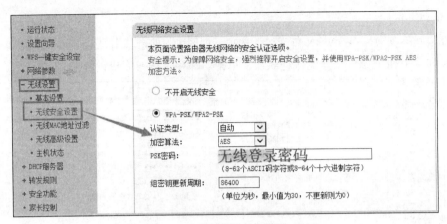

图 6-6　"无线网络安全设置"界面

③ DHCP 服务器配置

选择"DHCP 服务器"→"DHCP 服务"选项，如图 6-7 所示，选择"启用"单选按钮 DHCP 服务器，在"地址池开始地址"文本框中填入 IP 地址段的开始 IP 地址，在"地址池结束地址"文本框中填入 IP 地址段的结束 IP 地址，单击"保存"按钮，完成设置。

退出路由器设置界面，完成路由器设置。

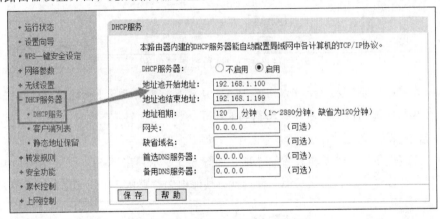

图 6-7　"DHCP 服务"设置界面

提示：不同品牌的路由器的登录界面及功能设置页面可能不一样，请读者参考实际路由器操作说明书进行设置。

4. 设置计算机

连接到路由器上的所有计算机按如下方法进行设置：

桌面上右击"网络"图标，在弹出的快捷菜单中选择"属性"命令，选择"更改适配器设置"命令，右击"网卡适配器"图标，选择"属性"命令，弹出"以太网属性"对话框，如图 6-8 所示，双击"Internet 协议版本 4（TCP/IPV4）"，弹出"Internet 协议版本 4（TCP/IPV4）属性"对话框，如图 6-9 所示，选择"自动获得 IP 地址"和"自动获得 DNS 服务器地址"单选按钮，单击"确定"按钮完成设置。

通过上述设置，所有连接到路由器上的计算机或移动设置均可正常上网应用。

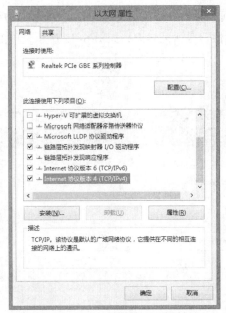

图 6-8　"以太网属性"对话框　　图 6-9　"Internet 协议版本 4（TCP/IPV4）属性"对话框

任务二　设置文件共享

任务描述

文件共享是在网络上主动共享自己的计算机文件，方便网络上的人下载和使用该文件，提高文件的传输和使用效率。本任务需完成的操作如下：

① 设置文件共享；

② 访问共享文件。

任务实施

1. 设置文件共享

以 Windows7 操作系统为例。

（1）启动打印和文件共享

右击桌面"网络"图标，在弹出的快捷菜单中选择"属性"→"更改高级共享设置"→"公用网络"选项，选择"启用网络发现""启用文件和打印机共享""启用共享以便可以访问网络的用户可以读取和写入公用文件夹中的文件"(可以不选）"关闭密码保护共享"单选按钮，其他选项默认即可，单击"保存"按钮。

（2）设置文件共享

这里以共享 test 文件夹为例。

右击 test 文件夹，在弹出的快捷菜单中选择"属性"命令，弹出属性对话框，如图 6-10 所示，单击"共享"按钮，弹出"文件共享"对话框，选择"Guest"账号，单击"添加"按钮，如图 6-11 所示，（注：选择"Guest"是为了降低访问权限，以方便所有用户都能访问），单击"共享"按钮，单击"完成"按钮，返回到"Test 属性"对话框界面，如图 6-12 所示，单击"关闭"按钮，完成文件共享设置。

图 6-10　Test 文件夹属性对话框

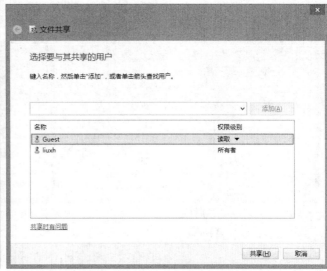
图 6-11　"文件共享"对话框

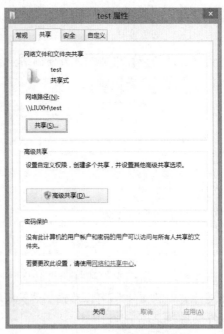
图 6-12　"Test 属性"对话框

2. 访问共享文件

其他用户可通过"开始"菜单，在"运行"对话框中输入共享文件所在计算机的 IP 地址，如图 6-13 所示，单击"确定"按钮，打开共享文件页面，如图 6-14（a）所示，双击 test 共享文件夹，可以浏览下载共享文件夹中的文件，如图 6-14（b）所示。

图 6-13　"运行"对话框

（a）　共享文件页面

（b）　共享文件

图 6-14　访问共享文件

任务三　设置打印机共享

🖥️**任务描述**

　　打印机共享可以使本地打印机通过网络共享给其他网络用户使用，网络用户像是使用本地打印机一样使用网络打印机完成打印服务，提高打印机的使用效率。通过本任务的学习，需要读者掌握打印机的共享设置、连接与使用。本任务需完成的操作如下：

① 设置打印机共享；

② 访问共享打印机。

任务实施

1．设置打印机共享

打印机共享与文件共享操作类似，该任务在 Windows 7 操作系统下设置打印机共享。

（1）启用 Guest 用户

单击"开始"按钮，右击"计算机"按钮，在弹出的快捷菜单中选择"管理"命令，弹出"计算机管理"窗口，如图 6-15 所示，单击"本地用户和组"→"组"，找到"Guest"用户，双击"Guest"用户，弹出"Guest 属性"对话框，如图 6-16 所示，确保"账户已禁用"复选框没有被选中，单击"确定"按钮。

图 6-15 "计算机管理"窗口

图 6-16 "Guest 属性"对话框

（2）设置打印机共享

单击"开始"→"控制面板"按钮，弹出"控制面板"窗口，如图 6-17 所示，双击"设备和打印机"图标，弹出"设备和打印机"窗口，如图 6-18 所示，右击需要共享的打印机，选择"打印机属性"命令，弹出打印机属性对话框，如图 6-19 所示，选择"共享"选项卡，选择"共享这台打印机"复选框，为了便于记忆，我们可以为共享打印机设置一个共享名，单击"确定"按钮，完成打印机共享设置。

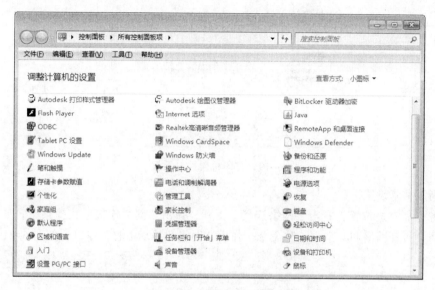

图 6-17 "控制面板"窗口

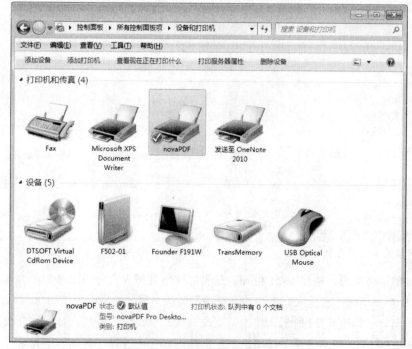

图 6-18 "设备和打印机"窗口

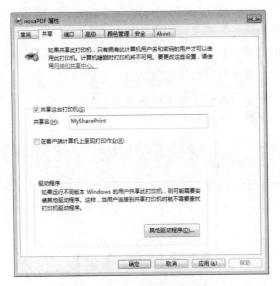

图 6-19　打印机属性对话框

（3）高级共享设置

在任务栏靠右边位置，右击"网络连接"图标，弹出"网络连接"快捷菜单，如图 6-20 所示，选择"打开网络和共享中心"命令，弹出"网络和共享中心"窗口，如图 6-21 所示。

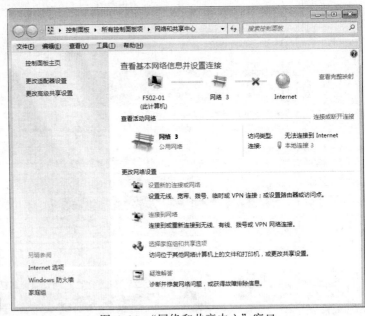

图 6-20　网络连接快捷菜单　　　　　图 6-21　"网络和共享中心"窗口

记住所处的网络类型，从图 6-21 可知，这里的网络类型为"公用网络"。

在图 6-21 中，单击"选择家庭组和共享选项"链接，弹出"与运行 Windows 7 的其他家庭计算机共享"窗口，如图 6-22 所示，单击"更改高级共享设置"链接，弹出"高级共享设置"窗口，如图 6-23 所示，在"公用"选项组的"网络发现"中选择"启用网络发现"单选按钮，在"文件和打印共享"选项组中选择"启动文件和打印机共享"单选按钮，"密码保护的共享"选项组选择"关闭密码保护共享"单选按钮，单击"保存更改"完成设置。

如是工作网络，设置方法跟上面公共网络设置类似。

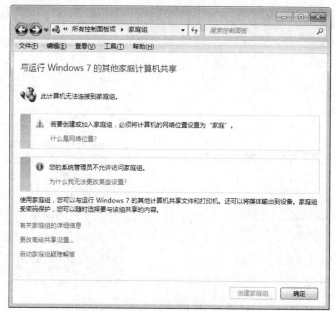

图 6-22　"与运行 Windows 7 的其他家庭计算机共享"窗口

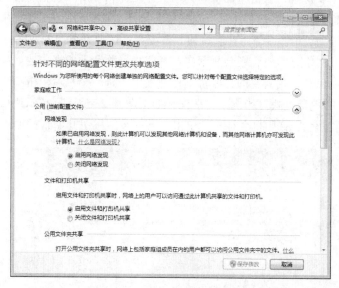

图 6-23　"高级共享设置"窗口

（4）设置工作组

要在局域网内共享与使用打印机，首先要保证局域网内的计算机是在同一个工作组中的，下面介绍工作组的设置方法。

单击"开始"按钮，右击"计算机"按钮，在弹出的快捷菜单中选择"属性"命令，弹出"系统"窗口，单击"高级系统设置"按钮，弹出"系统属性"对话框，如图 6-24 所示，选择

"计算机名"选项卡，单击"更改"按钮，弹出"计算机名/域更改"对话框，如图 6-25 所示，在"工作组"文本框中设置成跟连接共享打印机的主机相同的工作组名，单击"确定"按钮，重启计算机生效。

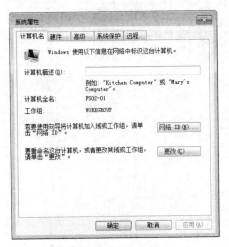

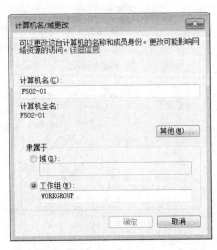

图 6-24 "系统属性"对话框　　　　图 6-25 "计算机名/域更改"对话框

2．访问共享打印机

需要访问网络上共享打印机的计算机，使用打印机前需添加网络打印机，操作方法如下所示：

打开"控制面板"窗口，双击"设备和打印机"图标，弹出"设备和打印机"窗口，单击"添加打印机"按钮，弹出"添加打印机"对话框，如图 6-26 所示，选择"添加网络、无线或 Bluetooth 打印机"选项，单击"下一步"按钮，系统会自动搜索可用的网络打印机，如图 6-27 所示，如找到可用的网络打印机，则会显示在"打印机名称"下的框内，如果系统没有找到所需要的打印机，可以单击"我需要的打印机不在列表中"选项，然后单击"下一步"按钮，弹出"按名称或 IP/TCP 地址查找打印机"对话框，如下图 6-28 所示，按示例格式，输入网络打印机的名称（\\计算机名称\打印机名称），单击"下一步"按钮开始查找。

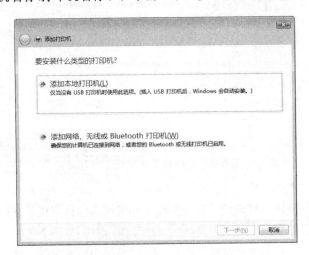

图 6-26 "添加打印机"对话框

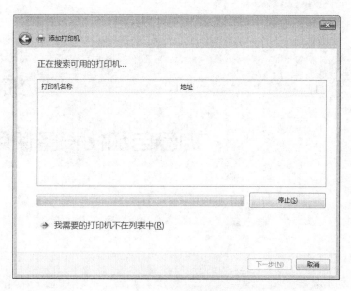

图 6-27　搜索打印机

图 6-28　按名称或 IP/TCP 地址查找打印机

　　选中查找到的网络打印机名称，单击"下一步"按钮，按照向导提示单击"下一步"按钮，直到安装完成即可。

思考与练习

简答题

1. 怎么设置办公室文件共享？
2. 怎么设置办公室打印机共享？

学习目标

- 认识现代办公设备
- 掌握计算机系统的组成
- 掌握现代办公设备的使用与维护

项目描述

现代办公效率最重要，而现代办公设备是提高工作效率不可缺少的工具。目前流行的办公自动化设备主要有计算机、打印机、复印机、扫描仪、光盘刻录机、路由器、数码相机、投影仪等。本项目将重点介绍计算机、打印机、复印机、扫描仪等设备的安装、使用及日常的维护。

本项目要完成的任务：

任务一　了解计算机系统的组成

任务二　多功能一体机的使用与维护

任务三　光盘刻录机的使用与维护

任务四　投影仪的使用与维护

任务一　了解计算机系统的组成

任务描述

计算机由硬件系统和软件系统两部分组成。本任务要求读者掌握计算机硬件系统的构成和计算机软件及分类，能过该任务的学习，使读者对计算机系统有一个全面的认识。本任务需完成的操作如下：

① 计算机系统组成；

② 计算机硬件系统；

③ 计算机软件系统。

任务实施

1. 计算机系统组成

计算机由硬件系统和软件系统两部分组成，如图 7-1 所示。硬件指的能够看得见的组成计算机的物理设备，是构成计算机的实体。软件是用来指挥计算机完成具体工作的程序和数据，是整个计算机的灵魂。硬件和软件相辅相成，缺一不可。没有硬件，软件没有依托；没有软件，计算机也仅仅只是一堆废铁，毫无用处。

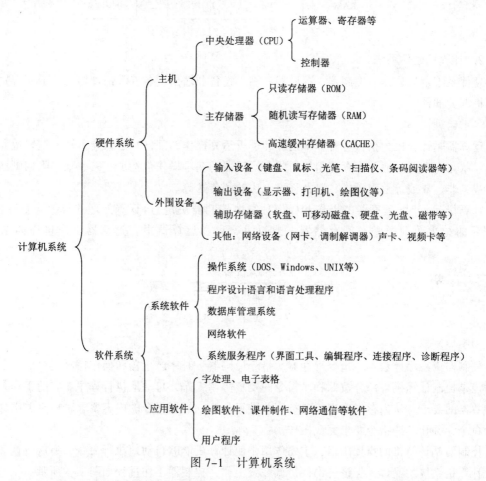

图 7-1 计算机系统

计算机各种功能部件之间传送信息是通过总线完成的。总线是一种内部结构，它是 CPU、内存、输入、输出设备传递信息的公用通道，主机的各个部件通过总线相连接，外部设备通过相应的接口电路再与总线相连接，从而形成了计算机硬件系统。

总线按传输的信息不同可分为三种：

① 数据总线（DB）：用来传输程序和数据，双向总线。

② 地址总线（AB）：用来传输 CUP 发送的地址或外部设备码信息，单向总线。

16 位可寻址范围=2^{16}=64K

32 位可寻址范围=2^{32}=4G

③ 控制总线（CB）：用来传输各种控制与应答信息，双向总线。

计算机系统总线结构示意图如图 7-2 所示。

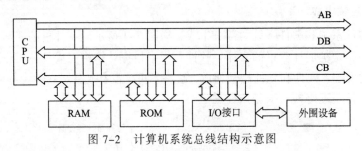

图 7-2　计算机系统总线结构示意图

2．计算机硬件系统

硬件系统由运算器、控制器、存储器、输入设备和输出设备五大部件构成。下面分别介绍计算机五大部件。

（1）运算器

运算器是计算机中执行各种算术运算和逻辑运算操作的部件。运算器由算术逻辑单元、累加器、状态寄存器、通用寄存器组等组成。运算器的基本操作包括加、减、乘、除四则运算，与、或、非、异或等逻辑操作，以及移位、比较和传送等。

计算机运行时，运算器的操作和操作种类由控制器决定。运算器处理的数据来自存储器；处理后的结果数据通常送回存储器，或暂时寄存在运算器中。运算器工作过程如图 7-3 所示。

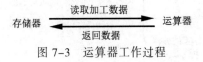

图 7-3　运算器工作过程

（2）控制器

控制器由程序计数器、指令寄存器、指令译码器、时序产生器和操作控制器组成。控制器的功能是控制计算机各部分按照程序指令的要求协调工作，自动地执行程序。它的工作是按程序计数器的要求，从内存中取出一条指令并进行分析，根据指令的内容要求，向有关部件发出控制命令，并让其按指令要求完成操作。

控制器是计算机的指挥中枢，主要作用是使计算机能够自动地执行命令，完成协调和指挥整个计算机系统的操作，保证各部件协调一致工作，控制器工作过程如图 7-4 所示。

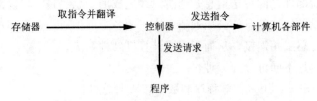

图 7-4　控制器工作过程

通常把运算器和控制器合在一起，做在一块半导体集成电路中，称为中央处理器（CPU），又称微处理器，它是计算机系统的“大脑”，中央处理器如图 7-5 所示。

（3）存储器

存储器主要负责对数据和控制信息的存储，是计算机的记忆单元。存储器分为内存储器和外存储器（辅助存储器）两种。

图 7-5　中央处理器

① 内存储器，内存储器也称主存，主要分为只读存储器（ROM）和随机读写存储器（RAM）两种。

ROM 分为两类：可擦写性 ROM（EPROM、EEPROM）和固化性 ROM（PROM）。固化性 ROM 是工厂在生产时就将数据写好了，用户无法修改；可擦写性 ROM 是用户可以将 ROM 中的旧的数据用紫外线或电擦除后再写入新的数据。

RAM 也分两类：一是 DRAM（动态 RAM），二是 SRAM（静态 RAM），由于 SRAM 的读写速度远远快于 DRAM，所以 SRAM 常作为计算机中的高速缓存，而 DRAM 用作普通内存和显示内存使用。

只读存储器（ROM）和随机读写存储器（RAM）的区别：

• ROM 中的信息只能读出来，不能写入。RAM 中的信息既能读出又能写入。

• 存放在 ROM 中的信息断电时不会丢失，因此主要用来存放系统信息。RAM 主要用来存放当前运行的程序和数据，掉电后信息将会丢失。平时所说的内存指的是 RAM，内存条如图 7-6 所示。

图 7-6　内存条

提示：为了解决内存速度与 CPU 速度的不匹配问题，可用高速缓冲存储器（Cache）。高速缓冲存储器是存在于主存与 CPU 之间的一级存储器，容量比较小但速度比主存高得多，接近于 CPU 的速度。

② 外存储器（辅助存储器）。

• 外存储器是非常重要的存储设备，其特点是：容量大、价格低、速度相对较慢；

• 外存储器分为磁介质型存储器（如硬盘、软盘、U 盘、磁带等）和光介质型存储器（如光盘）两种。

提示：1. 外存储器中的数据是不能直接被 CPU 读取或直接从 CPU 将数据写入外存储器的，它们之间的数据读写需借助内存实现；

2. 内存、高速缓存、外存和 CPU 四者之间的关系如图 7-7 所示。

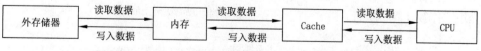

图 7-7　内存、高速缓存、外存和 CPU 四者之间的关系

（4）输入设备

输入设备是指向计算机输入数据和信息的设备，是计算机与用户或其他设备通信的桥梁。它的任务是向计算机提供原始的信息。计算机能够接收各种各样的数据，既可以是数值型的数

据，也可以是各种非数值型的数据，如文字、数字、声音、图像、程序、指令等都可以通过不同类型的输入设备输入到计算机中，进行存储、处理和输出。常用的输入设备有键盘、鼠标、摄像头、扫描仪、触摸屏、数字化仪、麦克风、数码相机、数码摄像机、条形码阅读器、光笔、手写笔、游戏手柄、光电阅读仪等。

（5）输出设备

输出设备是计算机硬件系统的终端设备，用来接收经过计算机运算或处理后所得的结果，并将结果以字符、数据、图形、声音等人们能够识别的信息形式进行输出。常见的输出设备有显示器、打印机、绘图仪、影像输出系统、语音输出系统、磁记录设备等。

提示： 输入/输出设备（I/O 设备）和外存储器统称为外部设备（Peripheral Equipment）。

3．计算机软件系统

软件系统分为系统软件和应用软件两大类。

（1）系统软件

系统软件用来管理和控制计算机的各种操作，是计算机的基础软件。常用的系统软件有操作系统（如 Windows、Dos、Linux、UNIX、OS/2 等）以及各种语言系统（如程序设计语言、语言处理程序、程序设计处理程序、服务程序和诊断程序、数据库管理系统等）。

① 操作系统。操作系统（Operating System，OS）是管理和控制计算机硬件与软件资源的计算机程序，是直接运行在"裸机"上的最基本的系统软件，任何其他软件都必须在操作系统的支持下才能运行。操作系统是用户和计算机的接口，同时也是计算机硬件和其他软件的接口。

操作系统的主要功能是管理计算机的硬件资源和软件资源，合理地组织计算机系统的工作流程，提高计算机系统的效率，并为用户提供一个良好的界面，以方便用户对计算机的使用。

操作系统是一个十分复杂的管理控制程序，从资源管理出发，主要包括五个方面的管理功能，即进程管理、作业管理、存储管理、设备管理和文件管理。

② 语言处理程序。语言处理程序是指计算机能够接受和处理的具有一定格式的语言。从计算机诞生到现在，计算机语言发展到了第四代。

第一代计算机语言是机器语言，机器语言是最低级的计算机语言，由"0"和"1"二进制代码组成的能被计算机直接识别、执行的指令集合。它的运行不需要编译，因此在所有的语言程序中它运行花费的时间最少。

第二代计算机语言是汇编语言，它采用了能反映指令功能的缩写英文符号来表达计算机语言，它是一种符号语言，这种符号化的计算机语言就是汇编语言，它相对于机器语言，其可读性有很大的提高。

用汇编语言编写的程序称为汇编语言源程序，必须用汇编程序把它翻译成机器语言表达的目标程序才能被计算机执行，这个翻译过程称为汇编，如图 7-8 所示

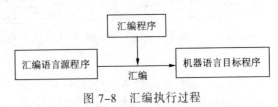

图 7-8　汇编执行过程

机器语言和汇编语言都是面向机器的语言，虽然其程序的执行效率高，但它们对机器的依赖性大，程序的编写效率很低，程序的通用性差。

第三代是高级语言阶段，即面向过程的语言。高级语言不依赖于具体计算机类型，语言描述接近自然语言的表达方式，易于书写与掌握，通用性好。

第四代计算机语言是面向对象的语言，它是一种非过程化的语言。它以对象作为基本程序结构单位的程序设计语言，语言中提供了类、继承等成分，有识认性、多态性、类别性和继承性四个主要特点。

所有高级语言编写的程序称为源程序，不能直接被计算机理解并执行，都必须经过翻译后才能被执行。对高级语言的翻译有两种方式：即编译方式和解释方式。

编译方式：先把原程序翻译成目标程序，然后再执行目标程序，编译执行方式如图 7-9 所示。

解释方式：把原程序逐句翻译，翻译一句执行一句，边翻译边执行，这种方式不会生成目标程序。解释执行方式如图 7-10 所示。

图 7-9　编译执行过程　　　　　　　图 7-10　解释执行过程

③ 数据库系统。数据库系统主要是面向解决数据处理的非数值计算问题。数据库系统由数据库（DB）、数据库管理系统（DBMS）、数据库应用软件、数据库管理员和硬件等组成。

目前，常用的数据库管理系统有：Access、Visual FoxPro、SQL Server、Oracle、Sybase 等。

（2）应用软件

应用软件可分为专用软件和通用软件两种。应用软件是指计算机用户自己用各种高级语言开发或外购的满足用户各种需要而且具有特定功能的应用程序，例如：科学计算、工程设计、数据处理、事务管理、过程控制软件等。如大家熟知的 Word、Excel、PowerPoint、QQ 软件、浏览器、杀毒软件、计算机辅助系统、图形图像处理软件、财务软件等。应用软件是面向用户的软件。

任务二　多功能一体机的使用与维护

任务描述

多功能一体机是把传真、打印、扫描、复印等功能模块固化在一台整机之内的特殊办公设备。本任务以三星多功能一体机（型号：SCX-4521）为例，讲解该设备的连接、安装、使用与维护。通过本任务的学习，使读者能举一反三，能对其他不同型号的多功能一体机进行操作。

本任务需完成的操作如下：

　　① 安装墨粉盒及装纸；

　　② 连接多功能一体机；

　　③ 安装多功能一体机的驱动程序；

　　④ 设置多功能一体机；

　　⑤ 打印机的使用；

　　⑥ 复印机的使用；

　　⑦ 扫描仪的使用；

　　⑧ 传真机的使用；

　　⑨ 维护多功能一体机。

任务实施

1. 安装墨粉盒及装纸

　　刚购买的三星 SCX-4521 多功能一体机（以下简称"多功能一体机"），从包装盒中可以看到如下物品：多功能一体机主机、墨粉盒、驱动程序光盘、USB 连接线、电源线、电话线、安装指南等。

　　（1）安装墨粉盒

　　首先，从包装袋中取出墨粉盒，撕开包装胶带并拆掉用于保护墨粉盒的包装纸，轻轻摇动墨粉盒，使墨粉均匀分布。

　　其次，打开前门，如图 7-11 所示。

　　再次，拉开墨粉盒手柄并握住它，将墨粉盒插入机器，直至卡入到位，如图 7-12 所示，注意在插入或拉出硒鼓时要小心，避免划伤打印机。

　　最后，关闭前门，如图 7-13 所示，确保将门关紧，如果盖板未关紧，打印时可能会出错。

图 7-11　打开前门

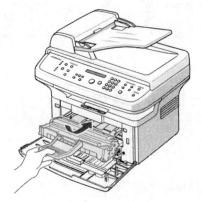

图 7-12　安装墨粉盒

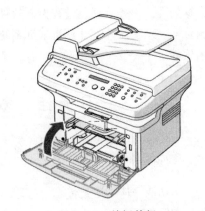

图 7-13　关闭前门

（2）装打印纸

首先，握住纸盘，将其向自己的方向拉动，如图 7-14 所示。

其次，取出一定数量的打印纸，注意使纸张平整，使打印面朝上并装入纸张，如图 7-15 所示。打印纸放入后，捏住后纸张导板调整纸张长度并捏住纸张宽度导板将其滑到纸张边缘即可。

图 7-14　拉出纸盘

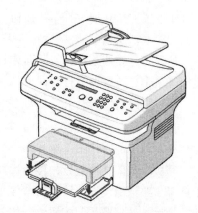

图 7-15　装打印纸

2．连接多功能一体机

首先，将随机附带的电话线的一端插入一体机的 LINE（电话）插口，将另一端插入墙上的电话线插口上。

其次，将 USB 电缆的一端接入一体机的 USB 接口，另一端接入计算机的 USB 接口。

最后，将随机附带的三相电源线的一端插入一体机的 AC 交流电插口，将另一端插入接地良好的交流电源插座上，按下电源开关，打开一体机。

3．安装多功能一体机的驱动程序

在连接好一体机后，要在连接一体机的计算机上安装一体机的驱动程序（驱动程序一般在附带的光盘中）。在计算机光驱中放入购机时附带的安装光盘，按照提示安装打印机驱动程序即可。

4．设置多功能一体机

（1）设置语言

按"菜单"按钮，直到显示屏顶部显示 "机器设置"，按滚动按钮（◄或►），直到显示屏底部显示"语言"，按"确认"按钮。当前设置出现在显示屏底行，按滚动按钮（◄或►），直到所需的语言出现在显示屏上，按"确认"按钮保存选择。

（2）设置国家

按"菜单"按钮，直到显示屏顶部显示 "机器设置"，按滚动按钮（◄或►），直到显示屏底行显示 "选择国家"，按"确认"按钮，显示屏底行将显示当前设置，按滚动按钮（◄或►），直到显示屏显示出您要选择的国家，按"确认"按钮保存选择。

（3）设置日期和时间

按"菜单"按钮，直到显示屏顶部显示 "机器设置"，按滚动按钮（◄或►），直到显示

屏底部显示 "日期和时间"，按"确认"按钮，使用数字键盘输入正确的时间和日期。

5．打印机的使用

（1）打印文档

打印文档的具体步骤可能会因所使用应用程序不同而有所差异，但打印界面类似。当选择打印时，会打开打印机设置窗口，可以设置打印机属性、打印份数、纸张类型、打印范围等，当打印设置完毕后按"打印"按钮，则机器开始打印文档。

（2）取消文档

如果打印作业正在打印队列或打印在脱机程序中等待，可以双击打印机驱动程序图标，从文档菜单中，选择取消打印即可

6．复印机的使用

首先，打开文档盖板，如图 7-16 所示，将文档正面朝下放置在文档扫描玻璃板上，并与玻璃板左上角的定位指示对齐。

其次，关闭文档盖板，再使用控制面板按钮自定义复印设置，包括份数、复印件尺寸、明暗度等（要清除设置，请使用"停止/清除"按钮）。

最后，按"开始"按钮，开始复印。

7．扫描仪的使用

把需要扫描的文档放置在文档扫描玻璃板上（跟复印类似），启动 Samsung SmarThru 程序，打开扫描窗口，单击开始扫描，则机器开始扫描，扫描完成后，把扫描生成的图片保存到指定文件夹即可。

8．传真机的使用

（1）发送传真

① 使用自动进纸器传真文档。使用自动进纸器(ADF)传真文档。将文档正面朝上装入ADF，一次最多可以装入 30 页，如图 7-17 所示，使纸叠末端与纸盘上标记的纸张尺寸对齐。调整 ADF 上的文档导板，使之与文档的宽度吻合。使用数字键盘输入远端的传真机号码，按"开始"键，扫描完所有页后，机器开始拨号，并在接收传真机准备就绪后开始发送传真。

图 7-16　打开文档盖板

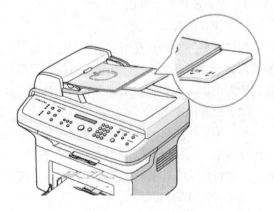

图 7-17　自动进纸器

② 从文档扫描玻璃板传真文档。

打开文档盖板，如图 7-18 所示，将文档正面朝下放置在文档扫描玻璃板上，并与玻璃板左上角的定位指示对齐，关闭文档盖板，使用数字键盘输入远端的传真机号码，按"开始"键，扫描完所有页后，机器开始拨号，并在接收传真机准备就绪后开始发送传真。

图 7-18　打开文档盖板

提示：发传真有"自动发送传真"和"手动发送传真"两种模式，具体操作可参照机器的操作手册。

（2）接收传真

① 传真模式。机器在出厂时一般预设为传真模式，在接收传真时，机器以指定的响铃次数应答来电，并自动接收传真。

② 电话模式。首先，按免提拨号键或拿起电话分机的话筒，其次，按"开始"键，显示屏上会出现" 1. 正在发送 2.正在接收"的消息，我们按数字键盘上的"2"进行"接收"，最后，按"确认"键开始接收传真。

提示：接收传真还有"应答/ 传真模式"、"DRPD 模式"等，请读者自行参阅机器操作手册进行操作。

9. 维护多功能一体机

（1）清除内存

内存的作用是为了提高产品的运行速度，以便在进行打印、传真等任务中起到存储打印任务和打印任务缓冲的作用。在清理内存前，要确保所有的打印、传真作业均已完成。具体操作如下。

按控制面板上的"菜单"键，直到显示屏顶部显示"维护"信息，按滚动按钮（◀或▶），直到显示屏底部显示"清除内存"，然后按"确认"键。第一个可用菜单项"清空内存"会显示在底行，按滚动按钮（◀或▶），选择要清除的项目，按"确认"键。所选内存信息将被清除，显示屏询问是否继续清除下一项。要清除其他项目，请重复上述操作即可。

（2）清洁机器

① 清洁机器外部。用无绒的软布清洁机器外壳。软布可用水稍微蘸湿，但注意不要让水滴到机器上或滴入机器内。

② 清洁机器内部。在打印过程中，纸屑、墨粉和灰尘颗粒可能会堆积在机器内部。这会造成打印质量问题，如出现墨粉斑点或污点等。对机器内部进行清洁可以消除或减少这类问题的发生。清洁过程如下所示：

首先，关闭机器，拔掉电源线（如机器刚结束工作，要等待机器冷却后再清洁）。

其次，打开前门，拉出墨盒，如图 7-19 所示，将其轻放在干净平整的桌面上。

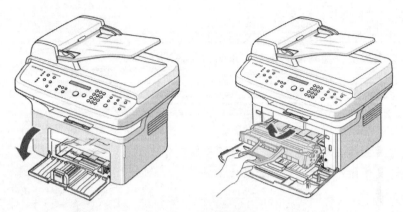

图 7-19　卸载墨粉盒

再次，拉出手动纸盘将其卸下，如图 7-20 所示。

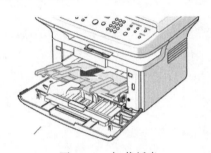

图 7-20　卸载纸盘

最后，用无绒的干布将墨粉盒周围及其腔内的灰尘和洒出的墨粉擦净，并找到位于墨粉盒
腔内上部的长条玻璃（LSU）并轻轻擦拭，如图 7-21 所示。重新插入手动纸盘、墨粉盒，然后
将前门关好即可。

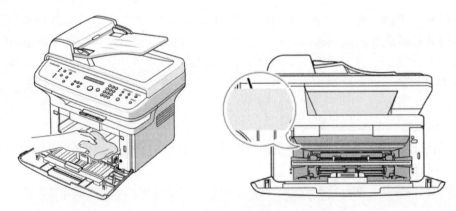

图 7-21　清洁墨粉盒周围部件

③ 清洁扫描装置。

打开文档盖板，用无绒的软布用水稍微蘸湿，擦拭文档扫描玻璃板表面、ADF 玻璃、
白色文档盖板和白片的底侧，直至洁净干燥为止，如图 7-22 所示，清洁完毕后关闭文档
盖板。

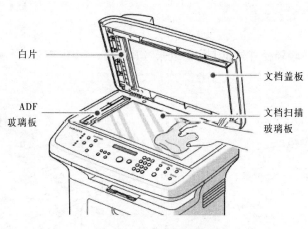

图 7-22　清洁扫描装置

④ 清洁硒鼓。

首先，在开始清洁前，请确认机器中已装入纸张。

其次，按控制面板上的"菜单"按钮，直到显示屏顶部显示"维护"信息，第一个可用菜单项"清洁感光鼓"会显示在底行，按"确认"键。此时机器将打印一张清洁页，硒鼓表面的墨粉颗粒将附着在纸张上，如果问题依然存在，请重复上述步骤。

提示： 其他相关清洁操作可参考随机附送的操作手册。

（3）排除故障

① 清除文档卡纸。

如是进纸故障，可以先将 ADF 中剩余的纸张取出，再打开 ADF 顶盖，将文档轻轻地拉出 ADF，如图 7-23 所示，最后关闭 ADF 顶盖，将取出的纸张重新装入 ADF。

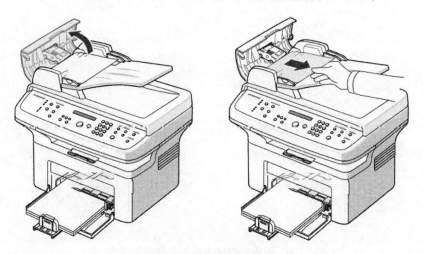

图 7-23　排除进纸故障

如是出纸故障，先将 ADF 中剩余的纸张取出，打开 ADF 顶盖，将发生出纸故障的文档从文档出纸盘中取出，如图 7-24 所示，关闭 ADF 顶盖。然后，将取出的纸张重新装入 ADF。

② 清除卡纸。

如在手动纸盘中，轻轻径直外拉卡住的纸张将其取出，如图 7-25 所示，开关前门一次以恢复打印。

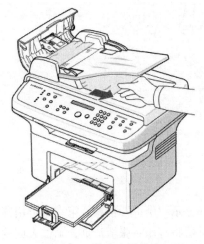

图 7-24　排除出纸故障

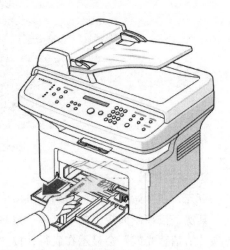

图 7-25　清除手动纸盘卡纸

如卡纸发生在热熔区中或墨粉盒附近，先打开前门，轻轻下按墨粉盒将其拉出，如果需要，可将手动纸盘拉出，再将卡纸轻轻向外拉出，如图 7-26 所示，重新安装墨粉盒并关上前门，打印工作自动恢复。

如卡纸发生在出纸区中，开关前门一次。卡纸会自动从机器退出。如果未退出，请按下面的方法操作。

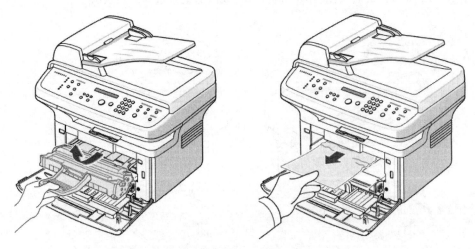

图 7-26　清除热熔区中或墨粉盒附近卡纸

首先，将纸张轻轻地从出纸盘抽出，如图 7-27 所示，如果拉纸时遇有阻力且纸张不移动，或出纸盘内看不到纸张，而需要通过拉动后盖板上的翼片来打开后盖，如图 7-28 所示，将卡纸轻轻向外拉出，最后，关闭后盖，开关前门一次以恢复打印。

图 7-27　从出纸区拉出卡纸

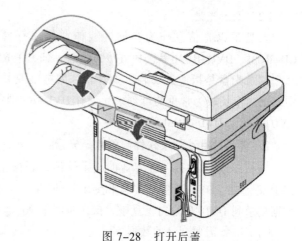

图 7-28　打开后盖

提示： 多功能一体机在使用过程中，可能会遇到各种问题，在日常工作中，可以通过操作手册帮助我们解决一些问题，如不能解决的可联系售后服务工作人员解决。

任务三　光盘刻录机的使用与维护

任务描述

刻录机也是现代办公不可或缺的设备，它可以将硬盘资料刻录成数据光盘保存，可以刻录音像光盘、数据光盘、启动盘等。本任务主要学习使用刻录机制作数据光盘。本任务需完成的操作如下：

① 认识刻录机及刻录光盘

② 使用 Nero 刻录软件制作数据光盘

③ 刻录机的维护

任务实施

1．认识刻录机及刻录光盘

（1）刻录机

光驱是台式机里比较常见的一个配件。目前，光驱可分为 CD-ROM 光驱、DVD-ROM 光驱和刻录机等。CD-ROM 光驱和 DVD 光驱一般只能读光盘中的数据，不能向光盘中写数据，而刻录机不但可以读取光盘中的数据，还可以向可写的空白光盘中写入数据。目前我们一般配置的光驱都具有刻录功能，当计算机中安装了刻录机，会在设备和驱动器中看到设备图标，如图 7-29 所示。

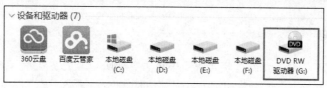

图 7-29　DVD RW 刻录机驱动器

办公自动化项目教程（Windows 7+Office 2010）

（2）刻录光盘

光盘是以光信息作为存储的载体并用来存储数据的一种物品。分不可擦写光盘，如 CD-ROM、DVD-ROM 等；和可擦写光盘，如 CD-RW、DVD-RAM 等。

刻录光盘是指通过安装了刻录软件的电脑或其他终端使用刻录机将数据刻制到光盘介质中。国内市场较为常见的可刻录光盘有 DVD-R、DVD+R、DVD-RW、DVD+RW、DVD-R DL、DVD+R DL、DVD-ROM 等

2. 使用 Nero 刻录软件制作数据光盘

Nero 刻录软件是一款专业的刻录软件，因操作简单、界面友好，深受用户喜爱。下面以 DVD 刻录机、DVD-R 空白光盘和刻录软件 Nero 8 为例，把 F 盘中的文件夹"图片资料"中的数据刻录到 DVD-R 空白光盘中，操作步骤如下：

（1）准备需要刻录的数据

把需要刻录的数据文件复制到指定文件夹中。

（2）启动 Nero 软件

Nero 软件安装好后，双击 Nero 快捷图标启动软件，工作界面如图 7-30 所示，在工作界面的左边单击"数据光盘"图标，在右边选择"数据光盘"图标，弹出"光盘内容"窗口，如图 7-31 所示，单击"添加"按钮，弹出"添加文件和文件夹"对话框，在 D 盘中找到需要刻盘的数据"图片资料"文件夹，直接拖到"我的光盘"中，如图 7-32 所示，单击"下一步"按钮，进入"最终刻录设置"窗口，在"当前刻录机"下拉列表框中选择刻录机，一般默认，"光盘名称"中可以输入光盘的名称，"刻录份数"中设置需要刻录的份数，单击"刻录"按钮，弹出"刻录过程"对话框，如图 7-33 所示，刻录机开始刻录光盘，直到刻录进度 100%完成即可，如图 7-34 所示。当光盘刻录完成后，可以打开刻录好的光盘，检查信息是否完整。

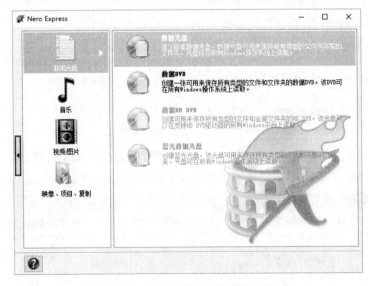

图 7-30　Nero 工作界面

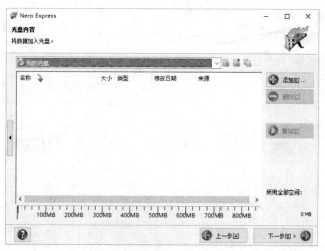

图 7-31 "光盘内容"窗口

图 7-32 添加"图片资源"

图 7-33 "最终刻录设置"对话框

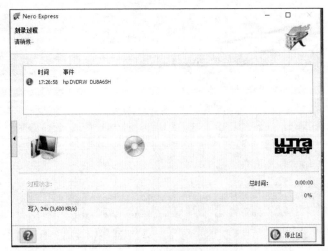

图 7-34　"刻录过程"窗口

提示：一般 CD 光盘容量为 700 M，DVD 光盘容量为 4.7 G，因此，在刻录光盘时，不要满刻或超刻，这样很容易丢失数据。

3．刻录机的维护

（1）注意防尘

由于刻录机是靠激光束在盘片信息轨道上的良好聚焦和正确检测反射光强度来实现信息的读取，光学系统对灰尘比较敏感，因此对工作环境的防尘就显得比较重要。

（2）保证供电

供电不足首先会对刻录品质产生影响，严重的直接影响刻录机使用寿命。

（3）使用合格的刻录光盘

市面上刻录盘的品种很多，需要选择刻录稳定、读取顺畅与及保存性好的盘片，在选购刻录盘时，应挑选刻录盘洁净度高的品牌光盘，如果刻录光盘的表面有尘埃、斑点、划痕等，这将会影响激光射到光盘上的强度，这样刻录质量也就会降低。

（4）注意散热

散热不良会导致刻盘失败，还会导致刻录机寿命缩短，因此，刻录机在使用过程中应该注意散热问题，避免连续长时间的刻录。

任务四　投影仪的使用与维护

任务描述

投影仪是现代办公不可缺少的设备，它可以通过不同的信号源，如计算机、手机等接入相应的图像和视频信号，实现将图像或视频投射到幕布上的设备。投影仪广泛应用在教育、商务、娱乐、家庭等场所。本任务以爱普生 CB-945 投影仪为例，讲解该设备的连接、安装、使用与维护。通过该任务的学习，使读者能举一反三，能对其他不同型号的投影仪进行操作。本任务需完成的操作如下：

    ① 连接安装投影仪

    ② 使用投影仪

    ③ 配置投影仪

    ④ 维护投影仪

任务实施

1. 安装连接投影仪

（1）安装投影仪

安装投影仪时，使其与屏幕平行，如果安装的投影仪与屏幕不平行，则投影的图像上会出现梯形失真（注意：要将投影仪放置在水平的表面上。如果投影仪倾斜，则投影的图像也会倾斜）。

提示：投影尺寸由投影仪与屏幕之间的距离决定，要根据屏幕尺寸选择最佳的位置。

（2）连接投影仪

① 连接计算机。可以使用随机附送的计算机电缆线将计算机的显示器输出端口连接到投影仪的 Computer 端口。

② 连接图像源。要从 DVD 机或 VHS 视频等投影图像，当使用视频或 S-video 线时，可将图像源上的视频输出端口连接到投影仪的 Video 端口；当使用 HDM 电缆时，将图像源上的 HDMI 端口连接到投影仪的 HDMI 端口。

③ 连接 USB 设备。使用 USB 设备随机附送的 USB 电缆，将 USB 设备连接到投影仪的 USB-A 端口。

④ 连接外部设备。可以通过连接外部监视器或扬声器输出图像和音频，也可以通过连接麦克风从投影仪的扬声器输出麦克风音频。如要将图像输出到外部监视器时，使用随外部监视器提供的电缆将外部监视器连接到投影仪的 Monitor Out 端口；如要将音频输出到外部扬声器时，使用音频电缆将外部扬声器连接到投影仪的 Audio Out 端口；如要将输入麦克风音频时，将麦克风连接到投影仪的 Mic 端口。

2. 使用投影仪

（1）连接启动投影仪

这里以使用计算机电缆将投影仪连接到计算机以及投影图像为例。使用投影仪前，要确保将输入源电缆连接到投影机，然后将电源线连接到投影机，操作步骤如下

    ① 用计算机电缆将投影仪连接到计算机；

    ② 用电源线将投影仪连接到电源插座；

    ③ 打开投影仪；

    ④ 打开 A/V 静音滑盖；

    ⑤ 启动计算机；

    ⑥ 切换计算机的屏幕输出（注：切换计算机的屏幕输出的方法因所用的计算机而异，请参考计算机随机附送的说明文件。便携式计算机一般是按住【Fn】键，然后按 ⌐/☐ 键）。上述操作的连接如图 7-35 所示。

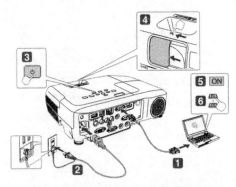

图 7-35　投影仪与计算机的连接

（2）搜索输入信号

按下投影仪上的"Source Search"按钮，将自动探测输入信号，将投影来自当前接收图像的端口的图像，也可通过按下遥控器上的相关按钮来直接切换到目标图像。

提示：投影图像的更多操作，可以参考随机附送的操作手册。

3．配置投影仪

（1）校正梯形失真

投影期间，按控制面板上的 [△] 或 [▽] 按钮以显示梯形校正屏幕，如图 7-36 所示。按 [△] 或 [▽] 按钮可校正垂直失真。按 [◁)]/[◁))] 按钮以纠正水平失真。控制面板上校正水平和垂直按钮如图 7-37 所示。

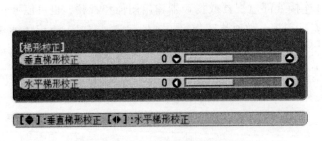

图 7-36　水平/垂直梯形校正

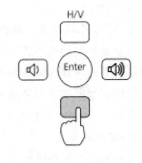

图 7-37　校正水平和垂直按钮

（2）调节图像大小

旋转变焦环调节投影图像的大小。

（3）调节水平倾斜度

展开和缩回后撑脚，以调节投影机的水平倾斜度。

（4）调节图像位置

通过撑脚调节杆进行调节，通过撑脚调节杆，可以将投影机最多倾斜12°，以调节图像位置，值得注意的是，倾斜的角度越大，聚焦越难。

（5）校正焦距

通过使用聚焦环校正焦距。

4．维护投影仪

（1）清洁投影机表面

用软布轻轻擦拭投影仪的表面，如果特别脏，可将软布用含有少量中性洗涤剂的水浸湿，拧干后擦拭投影仪的表面。

（2）清洁镜头

可以使用清洁玻璃的软布来轻轻地擦拭镜头。请勿使用含有可燃气体的喷剂来清除附着在投影机镜头上的污垢或灰尘。

（3）清洁空气过滤器

如果灰尘聚集在空气过滤器上，会引起投影机内部温度上升，这会导致操作问题并缩短光学引擎的使用寿命。当显示该消息时，要立即清洁空气过滤器。

（4）使用 Help 按钮

当投影仪发生故障时，可按 Help 按钮，显示帮助画面来协助解决问题。如对投影仪相关功能有疑问，先参考说明书检查投影仪的指示灯状态，以便能快速找到故障发生的原因。

（5）严防强烈的冲撞、挤压和震动

强震能造成液晶片的位移，影响放映时三片 LCD 的会聚，出现 RGB 颜色不重合的现象，而光学系统中的透镜，反射镜也会产生变形或损坏，影响图像质量，变焦镜头在冲击下也会使轨道损坏，造成镜头卡死，甚至镜头破裂无法使用。

（6）注意防水防潮

投影仪的使用和存放要远离水或潮湿的地方，否则可能损坏电器元件。

（7）散热后再关总电源

在开机状态下，投影仪灯泡温度则有上千度，因此严禁震动、搬移投影机，以防灯泡炸裂，停止使用后不可直接把总电源关掉，要让机器散热完成后自动停机。

思考与练习

简答题

1．现代办公系统具有哪些功能？

2．现代办公设备可以分成哪几类？

项目 八

办公自动化常用工具软件

学习目标

- 掌握 QQ 视频会议工具
- 掌握 ACDSee 看图软件应用
- 掌握压缩软件使用
- 掌握下载工具使用
- 掌握杀毒软件使用

项目描述

　　现代办公除了前面所学的 Office 软件外，还有很多软件工具，可以辅助我们的办公，提高办公效率。如利用 QQ 视频会议功能，就能实现多人同时音视频面对面的快捷沟通，使用压缩工具，实现文件打包存储和快速发送。灵活地应用好办公相关的软件工具，能大大改善我们的办公环境，让繁杂的办公变得轻松高效。该项目主要介绍几款常见的软件工具，引导读者应用好身边的各类软件工具，使之能最大限度地提升我们的办公效率和办公水平。

　　本项目要完成的任务：

　　任务一　QQ 视频会议应用

　　任务二　ACDSee 看图软件应用

　　任务三　WinRar 压缩解压软件应用

　　任务四　收发电子邮件应用

　　任务五　360 杀毒软件应用

任务一　QQ 视频会议应用

任务描述

　　本任务通过 QQ 视频会议功能，组织异地人员召开办公会议，QQ 视频能实现分享屏幕、演示 PPT、播放影片、多人同时视频、多人同时音频的远程面对面的快捷沟通。本任务需完成的操作如下：

　　① 会前准备工作

　　② 开始视频会议

任务实施

1．会前准备工作

（1）准备好要分享的文件，如 Word、PPT、影音等文件。

（2）将需要参会的人员加入到一个 QQ 群中，

2．开始视频会议

（1）发起群视频

　　会议主持人启动自己的 QQ，然后找到需要开视频会议的 QQ 群，如"测试群"，双击该群名称，如图 8-1 所示，弹出群对话框，如图 8-2 所示，在群对话框界面右侧的面板，单击"群视频"，如果界面上没有"群视频"按钮，可单击"更多"按钮，打开群应用中心，如图 8-3 所示，单击"群视频"按钮，弹出"您确定要开启群视频吗？"信息框，如图 8-4 所示，单击"是"按钮，进入"群视频"窗口，如图 8-5 所示。

图 8-1　打开测试群

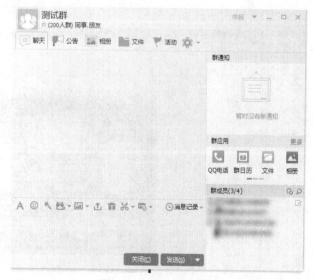

图 8-2　测试群对话框

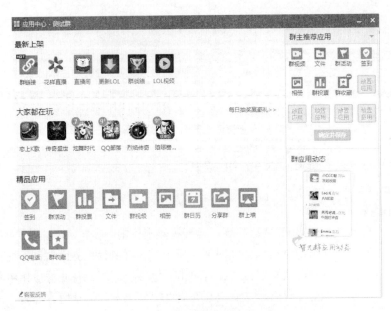

图 8-3　群应用中心

图 8-4　确认信息框

图 8-5　群视频窗口

（2）加入群视频

当群中某人发起群视频时，其他成员接受加入群视频提醒，单击"立即加入"即可，如图 8-6 所示。当有成员加入群视频，在群视频窗口左边可看见群视频成员人数及参与群视频的成员名称，如图 8-7 所示。

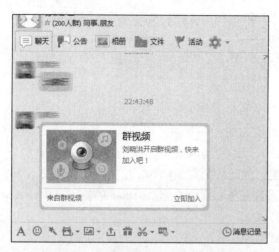

图 8-6　其他成员加入群视频提醒

图 8-7　群视频窗口

（3）会议过程

在视频窗口中，单击在右下角"上台"按钮旁的小三角形，在弹出的下拉列表框中可以看到"播放影片""分享屏幕""演示 ppt"三个按钮，直接单击"上台"按钮则打开摄像头进行视频，会议过程中可以根据需要进行相关选择。当某个功能正在使用时"上台"按钮会变成"下台"按钮，单击"下台"按钮结束当前功能。

加入群视频的成员，可以通过麦克风直接进行语音对话。

任务二　ACDSee 看图软件应用

任务描述

常用的图片浏览器有 Windows 照片查看器、ACDSee、Google Picasa、美图看看等。Windows 照片查看器是 Windows 系统自带的一款图片浏览器，具有向前、向后浏览以及图片的缩放、旋转、复制与删除等操作，但图片编辑功能较弱。ACDSee 是目前流行的图像处理软件，广泛应用于图片的获取、浏览、管理优化与编辑等，也是一款优秀的看图软件，能快速、高质量，并以多种方式显示图片，该任务将详细介绍 ACDSee 的使用。本任务需完成的操作如下：

① ACDSee 导入图片

② ACDSee 批量处理图片

③ ACDSee 放映图片

任务实施

1. ACDSee 导入图片

启动 ACDSee 软件，工作界面如图 8-8 所示，单击"导入"按钮，弹出下拉菜单，如图 8-9 所示，我们可以从设备、CD/DVD、磁盘、扫描仪、手机文件夹等设备中导入图片。

图 8-8　ACDSee 工作界面

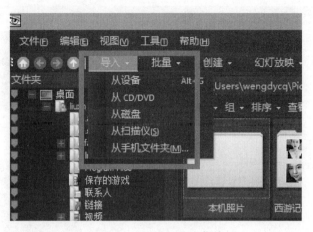

图 8-9　ACDSee 导入菜单

下面以从磁盘中导入图片为例进行演示。

单击"导入"菜单按钮，在下拉菜单中选择"从磁盘"命令，弹出"浏览文件夹"对话框，如图 8-10 所示，在"资源管理器"中找到要导入的图片文件夹，单击"确定"按钮，弹出"从图片导入"对话框，如图 8-11 所示，单击"导入"按钮，完成图片导入。

提示：导入的图片默认放在系统盘默认的"图片"文件夹中。

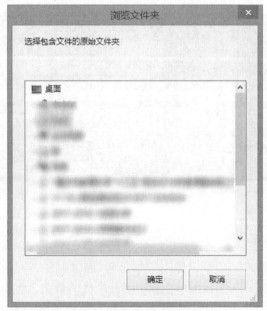

图 8-10　"浏览文件夹"对话框

2. ACDSee 批量处理图片

在 ACDSee 工作界面上，单击"批量"按钮，在下拉菜单中可以看到相关批量处理的命令，如图 8-12 所示。

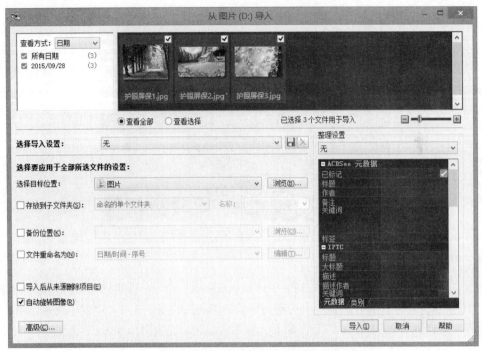

图 8-11 "从图片导入"对话框

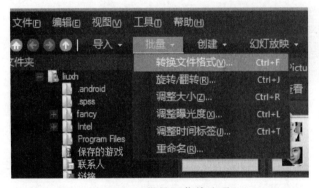

图 8-12 "批量"菜单选项

（1）图片批量转换文件格式

在图片预览区选择需要转换格式的图片（可以是一张，也可以是多张），单击"批量"菜单，选择"转换文件格式"命令，弹出"批量转换文件格式（选择格式）"对话框，如图 8-13（a）所示，在"格式"选项卡中选择所要转换成的格式，如 gif 格式，单击"下一步"按钮，弹出"批量转换文件格式（设置输入选项）"对话框，如图 8-13（b）所示，在"目标位置"选项组中选择文件要保存的目标位置，在"文件选项"选项组中按需要进行设置，单击"下一步"按钮，弹出"批量转换文件格式（设置多页选项）"对话框，如图 8-13（c）所示，单击"开始转换"按钮，弹出"批量转换文件格式（转换文件）"对话框，如图 8-13（d）所示，单击"完成"按钮，完成图片格式的转换操作。在图片保存的目标位置文件夹中可以看到刚转换的图片。

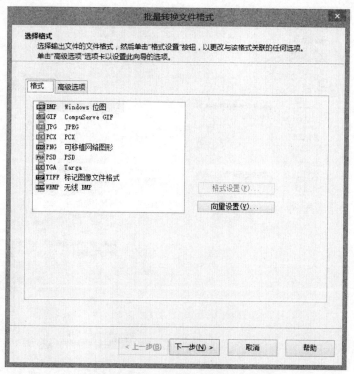

（a）"批量转换文件格式"（选择格式）对话框

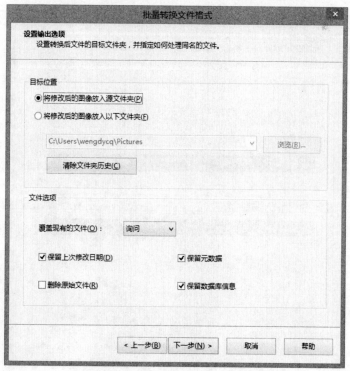

（b）"批量转换文件格式"（设置输入选项）对话框

图 8-13　图片批量转换文件格式

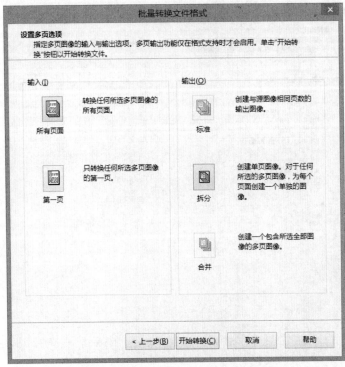

（c）"批量转换文件格式"（设置多页选项）对话框

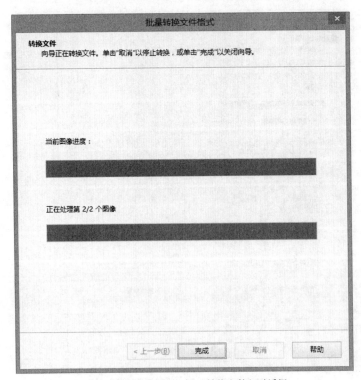

（d）"批量转换文件格式"（转换文件）对话框

图 8-13　图片批量转换文件格式（续）

（2）图片批量旋转/翻转

在图片预览区选择需要转换格式的图片（可以是一张，也可以是多张），单击"批量"菜单，选择"旋转/翻转"命令，弹出"批量旋转/翻转图像"对话框，如图 8-14（a）所示，选择好文件旋转或翻转的角度后，单击"开始旋转"按钮，弹出"批量旋转/翻转图像（正在旋转图像）"对话框，如图 8-14（b）所示，单击"完成"按钮，完成图片的批量旋转操作。

（a）"批量旋转/翻转图像"对话框

（b）"批量旋转/翻转图像"（正在旋转图像）对话框

图 8-14 图片批量旋转/翻转

（3）图片批量调整大小

在图片预览区选择需要转换格式的图片（可以是一张，也可以是多张），单击"批量"
菜单，选择"调整大小"命令，弹出"批量调整图像大小"对话框，如图 8-15（a）所示，
设置图片的宽度和高度后，单击"开始调整大小"按钮，弹出"批量调整图像大小"对话框，
如图 8-15（b）所示，单击"完成"按钮，完成图片批量调整大小操作。

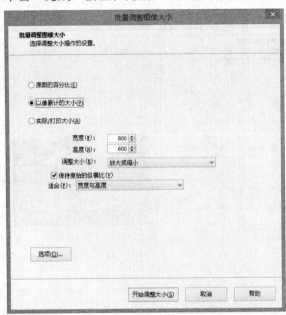

（a）"批量调整图像大小"对话框

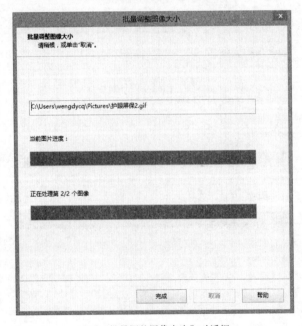

（b）"批量调整图像大小"对话框

图 8-15 图片批量调整大小

（4）图片批量调整曝光度

曝光过度，图像会损失细节，曝光不足图像会出现噪点，图片的曝光度不足或过度，可使用 ACDSee 软件进行曝光度修复。

在图片预览区选择需要转换格式的图片（可以是一张，也可以是多张），单击"批量"菜单，选择"调整曝光度"命令，弹出"批量调整曝光度"对话框，如图 8-16（a）所示，分别设置"曝光""对比度"和"填充光线"参数，单击"下一步"按钮，弹出"批量调整曝光度（正在更改文件的曝光度）"对话框，如图 8-16（b）所示，单击"完成"按钮，完成图片批量调整曝光度操作。

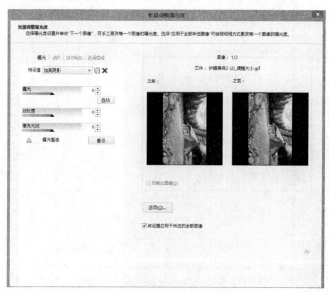

（a）"批量调整曝光度"对话框

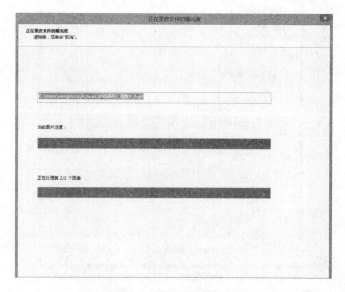

（b）"批量调整曝光度"（正在更改文件的曝光度）对话框

图 8-16　图片批量调整曝光度

（5）图片批量调整时间标签

在图片预览区选择需要转换格式的图片（可以是一张，也可以是多张），单击"批量"菜单，选择"调整时间标签"命令，弹出"批量调整时间标签（选择要更改的时间标签）"对话框，如图 8-17（a）所示，选择"要更改的日期"选项卡，单击"下一步"按钮，弹出"批量调整时间标签（选择新的时间标签）"对话框，如图 8-17（b）所示，设置新的时间标签，单击"调整时间标签"按钮，弹出"批量调整时间标签（正在更改日期和时间）"对话框，如图 8-17（c）所示，单击"完成"按钮，完成图片批量调整时间标签操作。

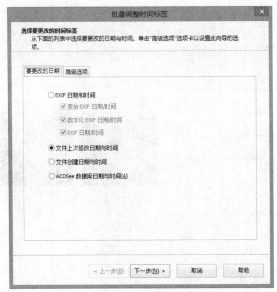

（a）"批量调整时间标签"（选择要更改的时间标签）对话框

（b）"批量调整时间标签"（选择新的时间标签）对话框

图 8-17　图片批量调整时间标签

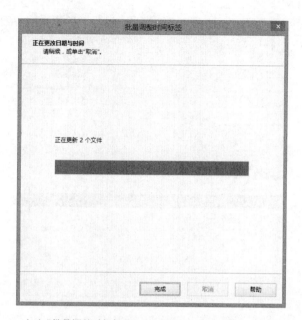

（c）"批量调整时间标签"（正在更改日期和时间）对话框

图 8-17　图片批量调整时间标签（续）

（6）图片批量重命名

在图片预览区选择需要转换格式的图片（可以是一张，也可以是多张），单击"批量"菜单，选择"重命名"命令，弹出"批量重命名（设置重命名选择）"对话框，如图 8-18（a）所示，在"使用模板重命名文件"下文本框中输入文件的新名称，如"护眼屏幕#"，选择"使用数据代替#"单选按钮，单击"开始重命名"按钮，弹出"批量重命名（正在重命名文件）对话框"，如图 8-18（b）所示，单击"完成"按钮，完成图片批量重命名操作。

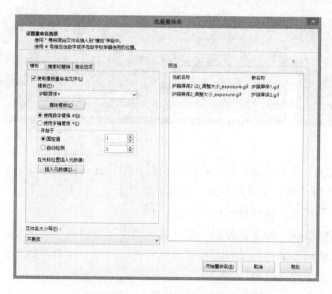

（a）"批量重命名"（设置重命名选择）对话框

图 8-18　图片批量重命名

办公自动化项目教程（Windows 7+Office 2010）

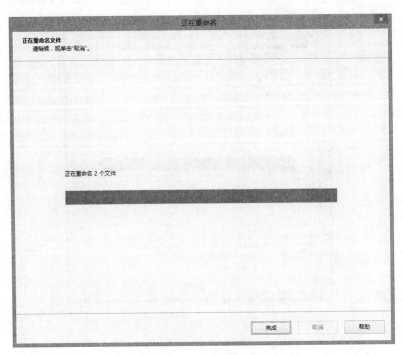

（b）"批量重命名"（正在重命名）对话框

图 8-18　图片批量重命名（续）

3．ACDSee 放映图片

单击"幻灯放映"菜单，下拉菜单中有"幻灯放映"和"配置幻灯放映"两个子菜单，如图 8-19 所示。

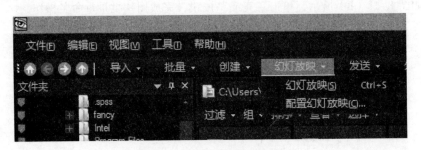

图 8-19　"幻灯放映"菜单

选择"幻灯放映"命令，选中的图片将以幻灯片形式自动依次播放，在播放中，可以拖动"延迟"滑块，设置图片播放的延迟时间，也可手动单击"上一张""下一张"按钮控制幻灯片播放，单击"退出"按钮，将结束幻灯片播放。

选择"配置幻灯放映"命令，弹出"幻灯放映属性"对话框，如图 8-20 所示，在"基本"选项卡中可对图片转场效果进行设置，在"高级"选项卡中，可对屏幕显示进行设置，设置好后，单击"确定"按钮完成设置。

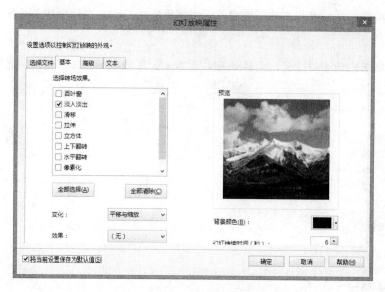

图 8-20 "幻灯放映属性"对话框

任务三　WinRar 压缩解压软件应用

任务描述

WinRar 是目前最为流行的一款压缩解压软件，WinRar 功能强大、压缩率高、速度快、界面友好且操作简单，深受现代办工人员喜爱。本任务通过压缩文件、分卷解压文件、加密压缩文件和解压缩文件几方面进行演示。

本任务需完成的操作如下：

① WinRar 压缩与解压文件

② WinRar 分卷压缩和解压文件

③ WinRar 加密压缩和解压文件

任务实施

1. WinRar 压缩与解压文件

（1）压缩文件

当我们需要在网络上传输文件时，如文件较大或文件夹中含有大量的小文件时，这将严重影响传输速度，我们可以使用压缩软件把文件夹压缩打包后再进行传送，这将大大提高传输速度。下面以"素材"文件夹为例，学习如何使用压缩软件压缩文件。

首先，在磁盘中找到要压缩的文件夹"素材"，右击"素材"文件夹，弹出文件夹快捷菜单，如图 8-21 所示，选择"添加到压缩文件"命令，弹出"压缩文件名和参数"对话框，如图 8-22 所示，在"常规"选项卡的"压缩文件名"文本框中输入压缩文件名，默认为原文件名，"压缩文件格式"可以选择 RAR 或 ZIP，在"压缩方式"下拉框中选择相应的压缩方式，单击"确定"按钮，开始进行文件压缩操作，当进度完成后，会自动生成一个压缩文件，压缩文件操作完成。

提示：选择不同的压缩方式，文件的压缩率不同，压缩耗时也不一样，一般默认压缩方式为标准。

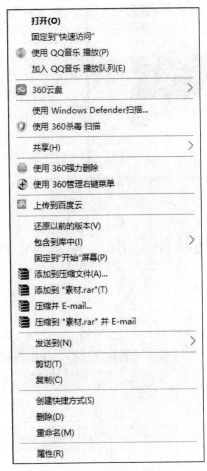

图 8-21　文件夹快捷菜单

图 8-22　"压缩文件名和参数"对话框

（2）解压文件

双击压缩文件"素材.rar" 打开 WinRAR 解压窗口，如图 8-23 所示，单击"解压到"按钮，弹出"解压路径和选项"对话框，如图 8-24 所示，在"常规"选项卡"目标路径"下拉列表框中选择或直接输入解压后文件的存放路径，单击"确定"按钮，文件开始解压，解压完成后，在刚指定的路径中可以看到被解压后的文件。

2．WinRar 分卷压缩和解压文件

压缩分卷就是把一个比较大的文件用 zip 或 rar 等压缩软件进行压缩时，根据所需大小，分别压缩成若干的小文件，便于储存和网络传输等。但所有的文件是一个整体，必须按照生成的顺序编号才能解压出原文件，缺一不可。

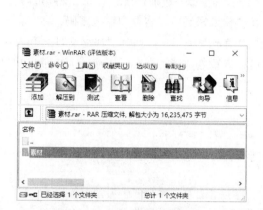

图 8-23　WinRAR 解压窗口

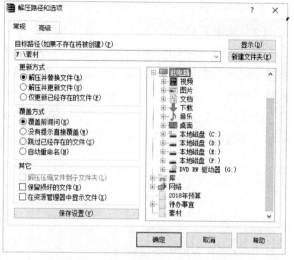

图 8-24　"解压路径和选项"对话框

（1）WinRar 分卷压缩文件

跟普通的压缩文件操作一样，主要是在"压缩文件和参数"对话框中的"常规"选项卡中的"切分为分卷（V），大小"下拉框设置压缩分卷的大小，如图 8-25 所示，设置完成后，单击"确定"按钮，开始进行分卷压缩，分卷压缩后的压缩包将以数字为扩展名进行存储，如 XX.part01。

图 8-25　压缩文件名和参数（切分为分卷）对话框

（2）WinRar 分卷文件解压

下载的分卷压缩包，必须把它们放在同一文件夹中，解压分卷文件跟解压普通压缩文件一样，只需选择分卷压缩包中的任意一个文件进行解压即可，WinRar 会自动解压出所有分卷包中的内容，并把它们合并成一个文件。

3．WinRar 加密压缩和解压文件

（1）加密压缩文件

跟普通的压缩文件操作一样，在图 8-22"压缩文件名和参数"对话框中，单击"设置密码"按钮，弹出"输入密码"对话框，如图 8-26 所示，在"输入密码"文本框中输入密码，在"再次输入密码以确认"文本框中输入一样的密码，单击"确定"按钮，返回到"压缩文件名和参数"对话框，注意，此时的"压缩文件名和参数"对话框名称变成了"带密码压缩"，如图 8-27所示，单击"确定"按钮，进行文件压缩。

图 8-26　压缩"输入密码"对话框

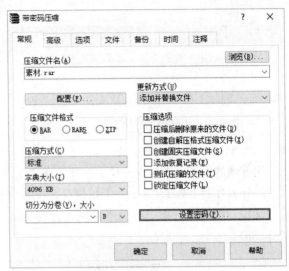

图 8-27　"带密码压缩"对话框

（2）解压加密压缩文件

双击加密压缩文件"素材.rar"弹出 WinRAR 解压窗口，如图 8-23 所示，单击"解压到"按钮，弹出"解压路径和选项"对话框，如图 8-24 所示，在"常规"选项卡"目标路径"下拉框中选择或直接输入解压后文件的存放路径，单击"确定"按钮，弹出解压"输入密码"对话框，如图 8-28 所示，输入压缩文件时设置的密码，单击"确定"按钮，文件开始解压，解压完成后，在刚指定的路径中可以看到被解压后的文件。

图 8-28　解压输入密码对话框

任务四　收发电子邮件应用

任务描述

电子邮件由于使用简易、投递迅速、易于保存、全球畅通无阻，因而被广泛地应用，人们的交流方式得到了极大的改变。收发电子邮件是现代人所必需的，更是现代办工离不开的。目前，有大量安全可靠的免费邮箱供我们选择，如 QQ 邮箱、163（网易）邮箱、搜狐邮箱等，本任务以 163 邮箱为例，主要从申请邮箱、使用邮箱、管理邮箱几个方面进行讲解。本任务需完成的操作如下：

① 申请 163 免费邮箱；

② 使用 163 邮箱；

③ 管理邮箱中的邮件。

任务实施

电子邮件，简称 E-mail，标志：@，昵称为"伊妹儿"又称电子邮箱、电子邮政。是一种用电子手段进行信息交换的通信方式，是 Internet 应用最广的服务。下面以 163 邮箱为例讲解邮件的申请、使用与管理。

1. 申请 163 免费邮箱

在浏览器地址中输入网址 http://mail.163.com，打开网页，如图 8-29 所示，在页面中单击"去注册"按钮，打开邮件注册页面，如图 8-30 所示。按注册页面要求录入注册信息，最后单击"立即注册"即可。

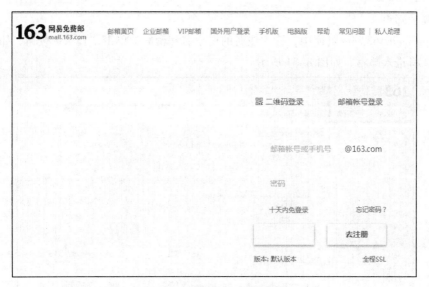

图 8-29　网易免费邮箱页面

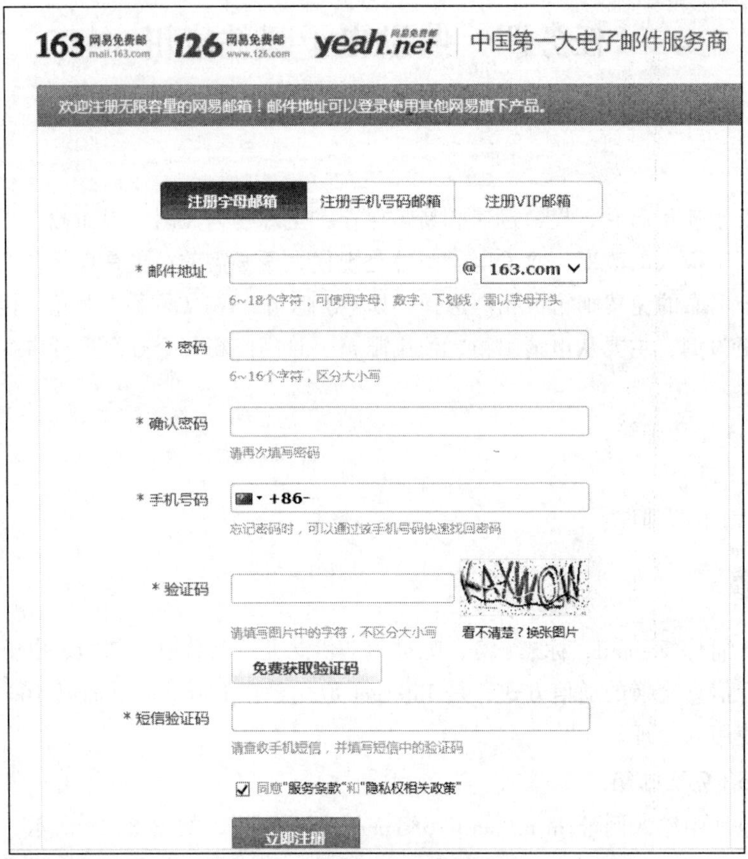

图 8-30　网易免费邮箱注册页面

2．使用 163 邮箱

（1）登录邮箱

在 http://mail.163.com 页面中，输入注册的用户名和密码，单击"登录"按钮，如用户名和密码正确，将进入邮箱，如图 8-31 所示。

图 8-31　网易邮箱界面

（2）发邮件

　　登录邮箱后，单击左边主菜单上方的"写信"按钮，打开写信窗口，如图所示 8-32 所示，在"收件人"栏中录入收件人的邮箱地址，注意，如将一封邮件发送给多人，可以在"收件人"一栏中一次填写多个邮件地址，中间用分号或逗号隔开（分号或逗号是英文状态下的标点符号），如图 8-33 所示。当信件撰写好后，可以单击"发送"按钮发送邮件，也可单击"存草稿"按钮保存信件，在以后恰当时候发送邮件。

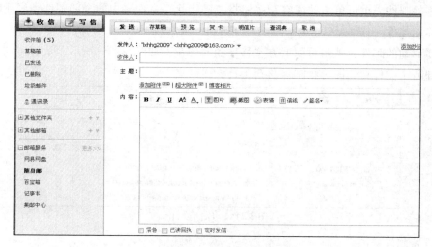

图 8-32　发邮件界面

图 8-33　多收件人填写

（3）收邮件

　　每当登录邮箱时，邮件系统会自动收取邮件。收到的邮件都存放在"收件箱"中，如果有未读的新邮件，在页面的主要位置就会有"未读邮件：收件箱 x 封"的提示，如图 8-34 所示。单击"收件箱"，会显示所有收到的邮件列表，单击邮件名，将打开邮件。

图 8-34　未读邮件信息

3．管理邮箱中的邮件

邮件服务器提供用户的管理功能很多，这里讲一些主要的操作。

（1）删除邮件

选中要删除的邮件（在邮件前面打勾），单击页面上方或下方的"删除"按钮，即可将邮件移动到"已删除"文件夹，此时邮件还保存在"已删除"文件夹中，并没有彻底删除邮件，如果要彻底删除邮件，可进入"已删除"文件夹，选中要彻底删除的邮件，单击"删除"按钮即可彻底删除邮件。也可单击"清空"按钮将"已删除"文件夹中的全部邮件彻底删除。

（2）移动邮件

选中要移动的邮件，单击页面上方"移动到"按钮，如图 8-35 所示，从弹出的菜单中选择要移动到哪个文件夹，即可将邮件移动到目标文件夹中。

图 8-35　移动邮件

（3）设置邮件标记

通过设置邮件标记，可以将邮件进行简单的分类，可以设置的标记一般有三种：阅读状态，优先级和标签，具体操作如下：

打开要设置标记的文件夹，选中要设置标记的邮件，单击"设置"→"标记状态"→"已读"（或"未读"）菜单，将选中邮件设置为已读状态（或未读状态），如图 8-36 所示。还可设置邮件的优先级和标签，操作方法与设置阅读状态类似。

图 8-36　设置邮件标记

（4）邮件排序

当需要查看某个文件夹的邮件时，文件夹内的邮件会自动地按照发送的日期排序（"日期"链接的右侧有一个向下的箭头标记）。若要按发件人对文件夹内的邮件排序，请单击"发件人"的列标题。同样，还可以在任何文件夹内，按照主题或大小对邮件进行排序。若要对邮件进行反向排序，请再次单击标题，箭头就会更改方向。

（5）搜索邮件

在邮箱页面右上方的"搜索邮件"处，输入要搜索的字或词条，单击"搜索邮件"按钮，就可以轻松找到要搜索的邮件。

（6）拒收垃圾邮件

单击疑似垃圾邮件，进入阅读界面，单击"拒收"按钮，邮件系统会将该邮件的发送人地址加入到黑名单中，系统会自动拒收此垃圾邮件发送人的再次来信。

任务五　360 杀毒软件应用

任务描述

计算机系统需要杀毒软件进行全面防护，才能给我们一个相对安全的信息化办公环境。本任务以 360 杀毒软件为例，讲解 360 杀毒软件的下载、安装、设置及使用。本任务需完成的操作如下：

① 下载 360 杀毒软件；
② 安装 360 杀毒软件；
③ 设置 360 杀毒软件；
④ 使用 360 杀毒软件。

任务实施

1. 下载 360 杀毒软件

打开浏览器（任意浏览器均可），在浏览器地址栏中输入 http://www.baidu.com，打开百度搜索引擎（也可访问其他搜索引擎），在搜索引擎中输入关键字"360 杀毒"，如图 8-37 所示，单击"百度一下"按钮，则会在页面中显示符合关键字信息的链接条目，如图 8-38 所示，可以选择"360 杀毒最新官方版下载"，单击"普通下载"按钮，开始"360 杀毒"软件下载。

图 8-37　百度搜索引擎

图 8-38　百度搜索结果

2．安装 360 杀毒软件

360 杀毒软件的安装非常简单，双击下载的 360 杀毒安装包，进入安装界面，如图 8-39 所示，直到安装完成即可，安装完成后，会自动启动 360 杀毒软件，如图 8-40 所示。

图 8-39　安装 360 杀毒软件

图 8-40　360 杀毒软件主界面

3．设置 360 杀毒软件

单击 360 杀毒软件主界面右上角的"设置"按钮，打开 360 杀毒设置界面。

（1）常规选项

在 360 杀毒设置界面中，单击"常规设置"按钮，如图 8-41 所示，在"常规选项"选项组，选择需要的选项，建议启用"自保护状态"。

（2）升级设置

在 360 杀毒设置界面中，单击"升级设置"按钮，如图 8-42 所示，可以根据需要选择不同的升级方式，也可以指定固定时间进行升级。

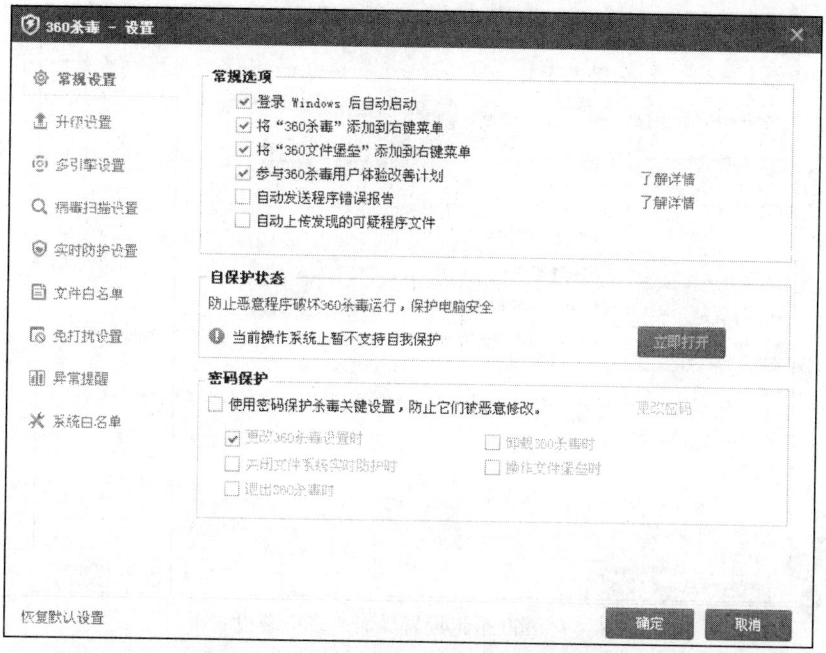

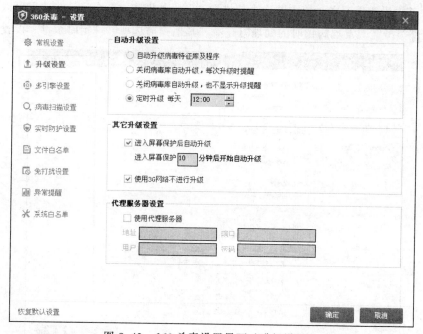

图 8-41 360 杀毒设置界面（常规设置）

图 8-42 360 杀毒设置界面（升级设置）

（3）多引擎设置

在 360 杀毒设置界面中，单击"多引擎设置"按钮，如图 8-43 所示，在"多引擎设置"中可以选择杀毒引擎组合方式，"多引擎设置"一般保持默认配置即可。

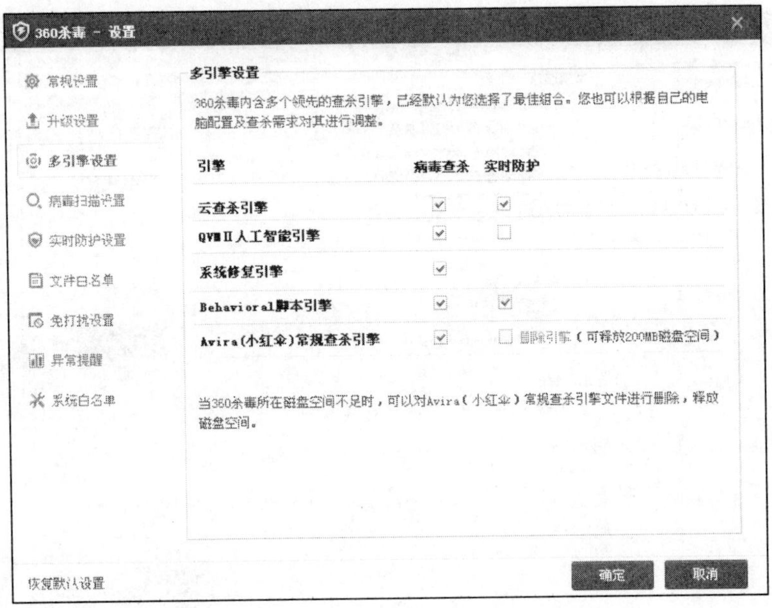

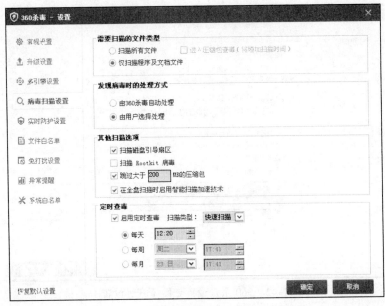

图 8-43　360 杀毒设置界面（多引擎设置）

（4）病毒扫描设置

在 360 杀毒设置界面中，单击"病毒扫描设置"，如图 8-44 所示，在这里可以设置"需要扫描的文件类型""发现病毒时的处理方式""其他扫描选项""定时杀毒"设置等。

图 8-44　360 杀毒设置界面（病毒扫描设置）

（5）实时防护设置

在 360 杀毒设置界面中，单击"实时防护设置"按钮，如图 8-45 所示，可以设置"防护级别设置"（可以设置高、中、低三个防护级别，一般建议设置为中或高）、"监控的文件类型""发现病毒时的处理方式""其他防护选项"等项的设置。

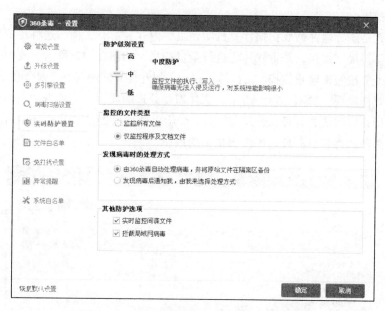

图 8-45　360 杀毒设置界面（实时防护设置）

（6）文件白名单

在 360 杀毒设置界面中，单击"文件白名单"按钮，如图 8-46 所示，加入白名单的文件及目录在病毒扫描和实时防护时将被跳过，可以通过"添加文件"和"添加目录"按钮来添加需要跳过的文件和目录。通过选中白名单中的文件或目录，通过"删除"按钮来清除文件白名单。

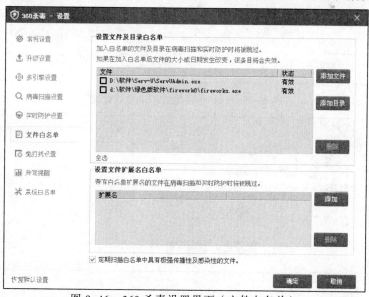

图 8-46　360 杀毒设置界面（文件白名单）

4．使用 360 杀毒软件

在图 8-40 所示的 360 杀毒软件主界面中，可以选择不同的病毒扫描方式。

（1）全盘扫描

全盘扫描就是杀毒软件彻底扫描计算机的硬盘、内存、所有文档，这将耗费较多时间。

单击"全盘扫描"按钮，杀毒软件将进行全盘扫描，如图 8-47 所示。我们可以通过单击"暂停"或"停止"按钮来停止扫描。在扫描过程中，如发现有威胁存在，则会在下面一一列出，扫描结束后将等待处理，如图 8-48 所示。选择需要处理的项目，当单击"立即处理"按钮，杀毒软件将进行相应的威胁处理，处理完成后，会给出处理报告，如图 8-49 所示。当单击"暂不处理"，则杀毒软件将放弃处理本次扫描中的威胁。

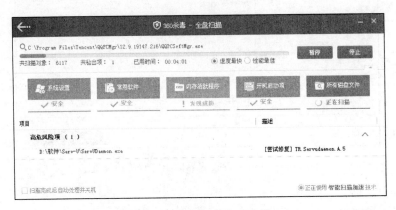

图 8-47　360 杀毒全盘扫描

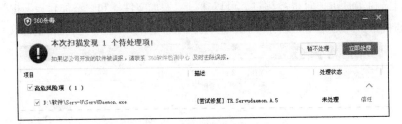

图 8-48　360 杀毒扫描结束等待处理

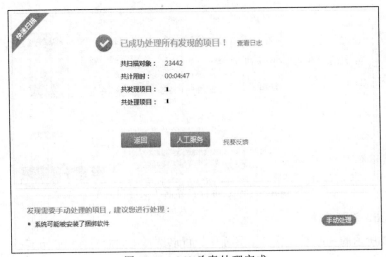

图 8-49　360 杀毒处理完成

（2）快速扫描

快速扫描只是针对操作系统的一些关键的位置和目录进行扫描，扫描时间较短。

单击"快速扫描"按钮，杀毒软件将进行快速扫描，扫描方式和处理方式与"全盘扫描"类似，这里不再赘述，请读者结合 360 杀毒软件进行学习。

思考与练习

实作练习

1. 从网上下载 360 安全卫士软件。
2. 安装 360 安全卫士。
3. 使用 360 安全卫士对计算机作全面体检操作。
4. 使用 360 安全卫士对计算机作全面的垃圾清理。
5. 使用 360 安全卫士对计算机作木马查杀。
6. 使用 360 安全卫士对计算机进行优化加速。
7. 使用 360 安全卫士对计算机中安装的应用软件进行管理，卸载不需要的软件。
8. 组织一个 QQ 视频会议。